AF879147

Ehrenfried Zschech

Bondkontakte

Akademie-Verlag Berlin

In zwangloser Folge werden in dieser Form Arbeiten publiziert, die aktuelle Fragen des wissenschaftlich-technischen Fortschritts vornehmlich aus dem komplexen Wissenschaftsgebiet Mikroelektronik im weitesten Sinne behandeln.

Dabei ist schwerpunktmäßig zunächst an folgende Gebiete gedacht:

— Naturwissenschaftlich-technische Grundlagen, Wirkprinzipien, Werkstoffe und Technologie elektronischer Bauelemente und mikroelektronische Schaltkreise einschließlich Optoelektronik, Mikroakustik u. a.

— Entwurf mikroelektronischer Schaltungen,

— Anwendung der Mikroelektronik in produzierenden und nichtproduzierenden Bereichen der gesellschaftlichen Praxis, Mikroprozessortechnik, Hard- und Software von Mikrorechnern und Mikrorechnersystemen, einschließlich ihrer Peripherie sowie unter Beachtung der Sensoren-, Aktoren- und Displayproblematik.

— physikalische Aspekte der CAD/CAM.

Die einzelnen Bände sind jeweils einem Thema gewidmet.

Der Verlag nimmt gern Anregungen für die Weitergestaltung der Bände entgegen.

Ehrenfried Zschech

Bondkontakte

Ehrenfried Zschech

BONDKONTAKTE

Metallphysikalische Prozesse
in mikroelektronischen Drahtbondkontakten
integrierter Schaltkreise

Mit 47 Abbildungen und 23 Tabellen

Akademie-Verlag Berlin 1990

Autor:

Doz. Dr. sc. nat. Ehrenfried Zschech
Sektion Werkstoffwissenschaft
der Bergakademie Freiberg

Dieser Titel wurde vom Originalmanuskript
des Autors reproduziert.

ISBN 3-05-500773-5

Erschienen im Akademie-Verlag Berlin, Leipziger Str. 3—4, Berlin, DDR-1086
© Akademie-Verlag Berlin 1990
Lizenznummer: 202 · 100/440/90
Printed in the German Democratic Republic
Gesamtherstellung: VEB Druckerei „Thomas Müntzer", Bad Langensalza, 5820
Lektor: Dipl.-Phys. Ursula Heilmann
LSV 1185
Bestellnummer: 764 087 3 (9283)
02500

VORWORT

Der steigende Produktionsumfang mikroelektronischer Bauelemente und deren qualitative Weiterentwicklung, insbesondere die ständige Erhöhung des Integrationsgrades bei integrierten Schaltkreisen, erfordern in starkem Maße die Entwicklung neuer Werkstoffe und deren Optimierung. Das gilt im speziellen für Metalle und Legierungen zur Herstellung elektrisch leitender Verbindungen zum Chip - ein technologischer Schritt bei der Montage mikroelektronischer Bauelemente. Aus ökonomisch-strategischen Gründen wird seit einigen Jahren forciert an edelmetallfreien bzw. edelmetallarmen Substitutionslösungen für den bei der Anschlußkontaktierung integrierter Schaltkreise im Plastgehäuse überwiegend eingesetzten Goldmikrodraht gearbeitet. Aus metallphysikalischer, metallurgischer und bondtechnologischer Sicht stellen Mikrodrähte aus Kupfer- und Aluminiumwerkstoffen maßgebliche Alternativen dar.

Die hohen Anforderungen an die Zuverlässigkeit integrierter Schaltkreise, vor allem an die beim Drahtbonden entstehenden Kontakte, erfordern bei Einsatz neuer Werkstoffe die Analyse der festkörperphysikalischen Prozesse in den metallischen Kontaktsystemen und die Herstellung des Zusammenhanges zu Degradation und Ausfall von Bondkontakten.

Das Ziel der Monographie besteht darin, Kenntnisse zu den Grundlagen atomarer Transportprozesse und festkörperphysikalischer Effekte in metallischen Kontaktsystemen zu vermitteln und für praktisch relevante Werkstoffkombinationen den erreichten Erkenntnisstand zusammenfassend darzustellen. Die Diskussion der werkstoffphysikalischen Zuverlässigkeit umfaßt Kontaktsysteme, die beim Kugel-Keil-Bonden integrierter Schaltkreise mit Goldmikrodraht als auch mit Unedelmetallmikrodrähten, die potentielle Goldmikrodrahtsubstitute darstellen, auftreten. Auf andere elektronische Bauelemente, z. B. der Opto- und Leistungselektronik oder der Hybridtechnik, wird mit Ausnahme einiger Hinweise bei Auftreten gleichartiger Werkstoffkombinationen nicht eingegangen.

Des weiteren soll die Monographie verdeutlichen, daß für Komplexaussagen zur physikalischen und chemischen Struktur von Grenzschichten in Mikrometer- und Submikrometerbereichen, wie sie für mikroelektronische Bondkontakte typisch sind, und für das Beschreiben festkörperphysikalisch bedingter Degradations- und Ausfallmechanismen die volle Ausschöpfung und Weiterentwicklung metallphysikalischer Untersuchungsmethoden und deren Kombination sowie die Anwendung statistischer Verfahren erforderlich sind.

Die Monographie wendet sich an einen breiten Leserkreis, in erster Linie an Festkörperphysiker und -chemiker, Werkstoffwissenschaftler und Elektroniktechnologen in akademischen und industriellen Forschungseinrichtungen sowie an Studenten der entsprechenden Fachrichtungen.

Die vorliegende Monographie ist im Ergebnis einer engen Zusammenarbeit von Naturwissenschaftlern und Ingenieuren, die im Forschungsinstitut für Nichteisenmetalle Freiberg, im VEB Forschungszentrum Mikroelektronik Dresden sowie an der Technischen Universität Dresden tätig sind, entstanden. Es ist mir ein Bedürfnis, folgenden Kollegen für zahlreiche Hinweise und Diskussionen sowie Zuarbeiten zu danken: Herrn Dr.-Ing. H.-H. Daut, Herrn Dipl.-Ing. A. Kaiser und Herrn Dr.-Ing. E. Scheffler vom Forschungsinstitut für Nichteisenmetalle Freiberg, Herrn Dipl.-Ing. W. Schneider, Herrn Dr.-Ing. J. Grafe, Herrn Dipl.-Ing. P. Fischer, Frau Dr.-Ing. I. Quäck und Herrn Dipl.-Phys. W. Kießling vom VEB Forschungszentrum Mikroelektronik Dresden sowie Herrn Doz. Dr. sc. techn. H. Opitz, Herrn Dr.-Ing. F. Rudolf und Herrn Dr. sc. nat. W. Hauffe von der Technischen Universität Dresden.

Besonderer Dank gilt Herrn Prof. Dr. sc. nat. W. Blau, Wilhelm-Pieck-Universität Rostock, für wesentliche Anregungen zur inhaltlichen Gestaltung dieser Monographie sowie Herrn Prof. Dr. sc. nat. Dr. h. c. A. Zehe und Herrn Prof. Dr. sc. nat. H.-J. Ullrich, Technische Universität Dresden, Herrn Prof. Dr. sc. nat. L. Michalowsky und Herrn Prof. Dr. sc. techn. D. Bergner, Bergakademie Freiberg, sowie Herrn Prof. Dr. sc. techn. W. Scheel, Humboldt-Universität Berlin, für wertvolle Diskussionen.

Den Mitarbeitern des Akademie-Verlages Berlin, insbesondere Frau Dipl.-Phys. U. Heilmann, gebührt Dank für die gute Zusammenarbeit und stete Unterstützung.

Freiberg, Februar 1989 E. Zschech

INHALTSVERZEICHNIS

1. EINLEITUNG

Elektrisch leitende Verbindungen zwischen speziellen Bondstrukturen des Chips und eines Trägerstreifens, Gehäuses oder Verdrahtungsträgers dienen vor allem der Kommunikation des Chips mit anderen Baugruppen eines elektronischen Systems. Diese Verbindungen müssen unter Einsatzbedingungen unlösbar und mit Hilfe hochproduktiver Verfahren und Ausrüstungen herstellbar sein sowie eine hohe Endfertigungsausbeute und Kontaktzuverlässigkeit garantieren. Der Erhöhung der Kontaktzuverlässigkeit - Kontaktausfälle stellen mit 20 bis 40 % der Gesamtausfälle eine wesentliche Ausfallursache bei integrierten Schaltkreisen dar /1-3/ - kommt insbesondere bei hoch- und höchstintegrierten Schaltkreisen mit großen Anschlußzahlen entscheidende Bedeutung zu. Zur Sicherung der werkstoffphysikalischen Kontaktzuverlässigkeit ist die Untersuchung festkörperphysikalischer Prozesse, die in diesen Werkstoffen sowie an Grenzflächen von Werkstoffkombinationen ablaufen, notwendig.

Die Anschlußkontaktierung integrierter Schaltkreise im Plastgehäuse erfolgt gegenwärtig vorrangig durch Thermokompressions(TC)- bzw. Thermosonic(TS)-Bonden (Kugel-Keil-Drahtbonden) mittels Goldmikrodraht. Als weiteres Drahtbondverfahren existiert das Ultraschall(US)-Bonden mit Schräglochsonotrode (Keil-Keil-Drahtbonden) mittels Aluminiummikrodraht, das vor allem für Bauelemente im Mehrschichtkeramikgehäuse angewendet wird. Simultanbondverfahren (drahtfreie Bondverfahren) werden für spezielle Anwendungen und Erfordernisse, z. B. zur Montage höchstintegrierter und schneller integrierter Schaltkreise, eingesetzt. Diese neuen Montagetechnologien werden perspektivisch vorrangig bei der Anschlußkontaktierung großflächiger Chips mit hohen Anschlußzahlen (über 128) zum Einsatz kommen, ohne jedoch einen absoluten Rückgang der Drahtkontaktierung zu bewirken. Auf Grund technischer, technologischer und ökonomischer Vorzüge wird die Drahtkontaktierung auch zukünftig in erheblichem Maße zur Herstellung elektrischer Verbindungen zum Chip eingesetzt werden (s. Kap. 2).

Beim Kontaktieren integrierter Schaltkreise mittels TC/TS-Kugel-Keil-Drahtbonden treten Bonddraht und Bondstrukturen (Bondinseln des Chips und metallische Drahtbondbereiche des Trägerstreifens) miteinander in Wechselwirkung. In Abb. 1 sind eine mit diesem Kontaktierverfahren hergestellte Drahtbrücke und die Drahtbondflächen schematisch dargestellt. Bisher wurde beim Kugel-Keil-Bonden nahezu ausschließlich Goldmikrodraht verwendet. Zur Minimierung des Edelmetalleinsatzes für Mikrodrähte /4,5/ wird gegenwärtig weltweit an edelmetallfreien bzw. edelmetallarmen Substitutionsvarianten gearbeitet - eine Aufgabenstellung von großer ökonomisch-strategischer Bedeutung.

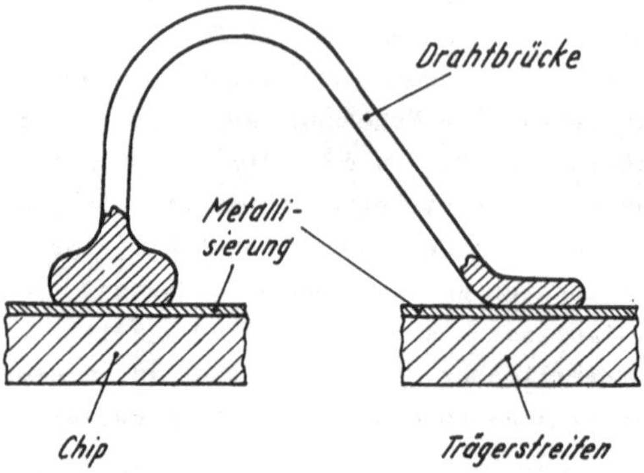

Abb. 1. Schematische Darstellung einer mittels Kugel-Keil-Bonden hergestellten Drahtbrücke

Die Verarbeitung dieser Goldmikrodrahtsubstitute sollte auf den für die Goldmikrodraht-Standardtechnologie in großem Umfang vorhandenen Drahtbondern zum Kugel-Keil-Bonden bei geringstmöglicher Modifikation und ohne wesentliche zusätzliche technologische Schritte (z. B. Aufbringen von Barriereschichten) möglich sein. Anwendungschancen haben nur technische Lösungen, die neben dem ökonomischen Effekt der Edelmetalleinsparung sowohl Produktivität und Ausbeute in der Fertigung als auch Zuverlässigkeit beim Einsatz des Bauelementes zumindest auf dem Niveau der Goldmikrodraht-Standardtechnologie sichern /6/.

Kupfer- und Aluminiumwerkstoffe sind prinzipiell als Goldmikrodrahtsubstitute geeignet /7/. Um den Forderungen bezüglich Herstellung, Verarbeitung und Einsatz (insbesondere Zuverlässigkeit) derartiger Unedelmetallmikrodrähte gerecht zu werden, ist es notwendig, Plastizität, Korrosionsverhalten und Legierbarkeit dieser Werkstoffe zu untersuchen bzw. gezielt zu beeinflussen. Das kritischere Umformverhalten und die Korrosionsanfälligkeit des Kupfers erfordern z. B. die Lagerung der Mikrodrähte unter Sonderbedingungen sowie eine Modifizierung der Bondtechnologie, insbesondere des Kugelanschmelzprozesses.

Der Kompatibilität der eingesetzten Werstoffe, insbesondere hinsichtlich der Zuverlässigkeit der an den Bondkontakten entstehenden metallischen Kontaktsysteme, kommt eine besondere Bedeutung zu. Das Problem der Zuverlässigkeit der beim Bonden mit Aluminiummikrodraht entstehenden Kontaktsysteme ist für das US-Bonden mit Schräglochsonotrode (Keil-Keil-Bonden) von Chips im Mehrschichtkeramikgehäuse prinzipiell gelöst. Das TS-Bonden (Kugel-Keil-Bonden) mit Aluminiummikrodraht erfordert die Untersuchung des Temperatureinflusses beim Kontaktieren auf die Zuverlässigkeit der Bondkontakte. Das Fehlen sicherer Aussagen über die Zuverlässigkeit der beim TS-Bonden (Kugel-Keil-Bonden) mit Kupfer- und Aluminiummikrodrähten entstehenden Mehrkomponentenkontaktsysteme stellt eine wesentliche Ursache dafür dar, daß diese Unedelmetallmikrodrähte für das TS-Bonden bisher nur eine unbedeutende industrielle Anwendung gefunden haben /8/.

Das Kugel-Keil-Drahtbonden ist ein Mikropreßschweißverfahren, bei dem gleich- oder verschiedenartige Werkstoffe durch die zeitlich begrenzte Einwirkung von Druck sowie Temperatur und/oder Ultraschall miteinander verbunden werden. Die Kapitel 2 und 3 vermitteln einen Uberblick über die Technologie des Kugel-Keil-Drahtbondens und dessen Wirkungsmechanismen sowie über die zu kombinierenden Werkstoffe mit ihren wesentlichen elektrischen, mechanischen und chemischen Eigenschaften. Sie dienen dem für die Kontaktsystemuntersuchungen notwendigen Verständnis zu metallurgisch-bondtechnologischen Wechselwirkungen und veranschaulichen zugleich den interdisziplinären Charakter dieses Forschungsgebietes.

Die Klassifizierung der metallischen Kontaktsysteme, die durch die interessierenden, praktisch relevanten Werkstoffkombinationen an Kugel-Keil-Bondkontakten - sowohl bei Verwendung von Gold- als auch von Unedelmetallmikrodrähten - gebildet werden, erfolgt nach kristallchemischen Gesichtspunkten, d. h. nach dem Gitteraufbau der Grenzschichten. In den Kapiteln 4 und 5 sind die festkörperphysikalischen Grundlagen der atomaren Transportprozesse und Effekte, die in Mehrkomponentenkontaktsystemen ablaufen, sowie die sich daraus ergebenden Konsequenzen für binäre Systeme, je nachdem, ob vollständige oder beschränkte Mischbarkeit der Komponenten im festen Zustand vorliegen bzw. ob intermetallische Phasen auftreten, zusammengefaßt.

Der erreichte theoretische und experimentelle Erkenntnisstand zur Analyse metallphysikalisch bedingter Degradations- und Ausfallmechanismen in praktisch relevanten Bondkontakten ist in den Kapiteln 6 und 7 dargestellt. Speziell erfordert die Substitution von Goldmikrodrähten durch Unedelmetallmikrodrähte den Vergleich dieser Prozesse (vor allem Interdiffusion sowie Bildung, Wachstum und Umwandlung intermetallischer Phasen) sowie der daraus resultierenden werkstoffphysikalischen Zuverlässigkeiten der gebildeten metallischen Kontaktsysteme.

Systematische Kontaktsystemuntersuchungen erfordern den komplexen Einsatz leistungsfähiger Großgeräte sowie die geeignete Kombination metallphysikalischer Methoden, und zwar so, daß einerseits aus der Untersuchung einer hinreichend großen Stichprobe statistische Aussagen zur Beurteilung der Zuverlässigkeit der Bondkontakte möglich sind, und andererseits an geeignet ausgewählten individuellen Bondkontakten die tatsächlichen festkörperphysikalischen Degradations- und Ausfallmechanismen studiert werden können /9/. In Kapitel 8 ist der kombinierte Einsatz von zerstörungsfreien Widerstandsmessungen und zerstörenden mikropräparativen Verfahren sowie mikroanalytischen Untersuchungen am Beispiel des Kontaktsystems Cu/Al beschrieben. Die Notwendigkeit der vollen Ausschöpfung und Weiterentwicklung metallphysikalischer Methoden zur Strukturanalytik in Mikrometer- und Submikrometerbereichen sowie die Anwendung statistischer Verfahren wird verdeutlicht.

2. HERSTELLUNG ELEKTRISCHER VERBINDUNGEN ZUM CHIP

2.1. Anforderungen an die Verbindungen

Bei integrierten Schaltkreisen im Plastgehäuse dienen die elektrisch leitenden Verbindungen zwischen speziellen Bondstrukturen des Chips und des Trägerstreifens primär der Kommunikation des Chips mit anderen Bestandteilen eines elektronischen Systems. Sie müssen ferner u. a. folgenden Anforderungen genügen /10/:

- hinreichend gute, die Schaltungseigenschaften nicht unzulässig verschlechternde elektrische, thermische und mechanische Eigenschaften
- Beständigkeit gegenüber den bei nachfolgenden technologischen Teilschritten der Montage des Bauelements (Verkappen, Endprozesse) sowie dessen Weiterverarbeitung und Einsatz beim Anwender auftretenden mechanischen, thermischen und sonstigen Belastungen
- Kompatibilität der eingesetzten Werkstoffe, insbesondere hinsichtlich der Zuverlässigkeit der metallischen Kontaktsysteme
- kostengünstige Herstellbarkeit mit Hilfe hochproduktiver Verfahren und technologischer Ausrüstungen.

Die Berücksichtigung dieser Punkte erfordert die komplexe Lösung technologischer und metallurgischer Probleme. Speziell werden die metallphysikalischen Prozesse in mikroelektronischen Kontaktsystemen und deren Zuverlässigkeit durch technologische Prozeßgrößen (Bondparameter) und die Eigenschaften der zu kontaktierenden Werkstoffe beeinflußt. In Abschnitt 2.4. wird deshalb auf die Technologie des Kugel-Keil-Drahtbondens und deren wesentliche Einflußgrößen sowie auf Wirkprinzipien bei diesem Schweißvorgang eingegangen. Die Charakterisierung der Werkstoffe erfolgt in Kap. 3.

2.2. Serielle und simultane Bondverfahren

In Abb. 2 (aus /10/) ist eine Übersicht über wesentliche Verfahren zur Herstellung elektrischer Verbindungen (Anschlußkontaktierung) gegeben. Nach der zeitlichen Reihenfolge des Herstellens der Verbindungen können die Verfahren in serielle und simultane Bondverfahren unterschieden werden. Die wichtigsten seriellen Verfahren sind die Drahtbondverfahren, während drahtfreie Bondverfahren meist zu den Simultanbondverfahren gerechnet werden, da sie zumindest die potentiellen Voraussetzungen dazu aufweisen.

Unter Drahtbonden versteht man die Herstellung elektrischer Verbindungen zwischen metallischen Drahtbondflächen des Chips (Bondinseln) und des Trägerstreifens in Form von Drahtbrücken aus Bonddraht. SCHADE /10/ veranschaulicht die Entwicklung der Drahtbondverfahren. Technische Anwendung haben vor allem das Thermokompressions(TC)- bzw. Thermosonic(TS)-Bonden (Kugel-Keil-Bonden) mittels Au-Mikrodraht und das Ultraschall(US)-Bonden mit Schräglochsonotrode (Keil-Keil-Bonden) mittels Al-Mikrodraht erlangt.

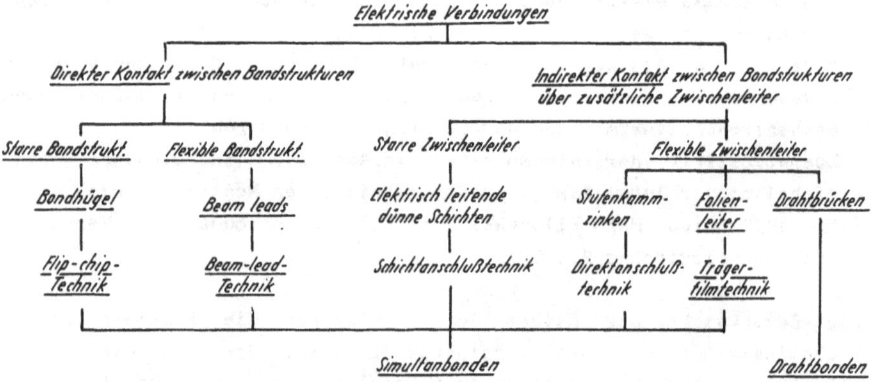

Abb. 2. Verfahren zur Herstellung von elektrischen Verbindungen (Anschlußkontaktierung), aus /10/

Simultanbondverfahren ist der Oberbegriff für Verfahren zum gleichzeitigen Herstellen mehrerer oder aller elektrischer Verbindungen einer oder mehrerer Verdrahtungsebenen. In der Regel werden dabei der Bonddraht durch strukturierte metallische Folien oder Bänder ersetzt und Chip, Verdrahtungsträger oder Folie mit zusätzlichen, z. B. hügelförmigen räumlichen Bondstrukturen versehen. Wegen ihrer großen Vielfalt wurden in /10/ die Simultanbondverfahren nach der Art des Kontaktes zwischen entsprechenden Bondstrukturen von Chip und Verdrahtungsträger geordnet. Dabei wurde in direkten Kontakt mit Hilfe starrer oder flexibler Bondstrukturen und in indirekten Kontakt über starre oder flexible Zwischenleiter unterschieden.

Praktisch realisierte Simultanbondverfahren sind Beam-lead-, Flip-chip- und Trägerfilmtechnik /11-13/, deren Haupteinsatzgebiete die Multichip- und Hybridtechnik sind (für das Trägerfilmkontaktieren auch die monolithische Technik). Die Flip-chip-Technik verwendet starre Bondstrukturen (Bondhügel, vorzugsweise auf dem Chip), wogegen die Beam-lead-Technik flexible Bondstrukturen (Bändchen, auf dem Chip) benötigt. Bei der Trägerfilmtechnik wird ein indirekter Kontakt zwischen den Bondstrukturen über flexible Zwischenleiter (metallische Folien) hergestellt.

2.3. Anwendungsumfang der Bondverfahren

Die Auswahl des Kontaktierverfahrens wird durch die Art der Montageaufgabe (Chipgröße, Anschlußzahl, Verlustleistung, Schnelligkeit der Signalverarbeitung usw.), die erforderliche Qualität (insbesondere Zuverlässigkeit) der Kontakte und durch die Wirtschaftlichkeit des Verfahrens, vor allem seine Produktivität, bestimmt.

Die weitaus größte praktische Bedeutung haben bisher die Drahtbondverfahren erlangt (s. Kap. 1).

Das TC/TS-Kugel-Keil-Bonden mit Au-Mikrodraht ist wegen hervorragender technologischer Eigenschaften, hoher Verfahrenssicherheit und Produktivität sowie guter Automatisierbarkeit bei großer Flexibilität hinsichtlich der Ausführung unterschiedlicher, schaltungsspezifischer Bondschemata und großer Variationsbreite der Bondparameter und Werkstoffeigenschaften das gegenwärtig am breitesten eingesetzte Mikrokontaktierverfahren /10,13/.

Das US-Keil-Keil-Drahtbonden mit Schräglochsonotrode ist dem Kugel-Keil-Drahtbonden wegen der notwendigen Drehung der Bauteilaufnahme für das Herstellen der Drahtbrücken am zu kontaktierenden Bauelement in der möglichen Zykluszeit und damit in der Produktivität unterlegen. In Abb. 3 (aus /14/) ist die Produktitätsentwicklung für das TC/TS-Kugel-Keil-Bonden mit Au-Mikrodraht (Taktzeit ≤ 300 ms) und für das US-Keil-Keil-Bonden mit Al-Mikrodraht dargestellt. Hochproduktive vollautomatische TC/TS-Kugel-Keil-Bonder erreichen demnach eine höhere Produktivität als vergleichbare US-Keil-Keil-Bonder.

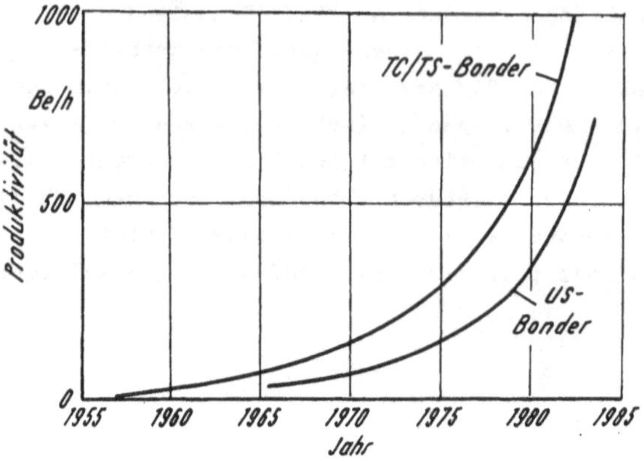

Abb. 3. Entwicklung der Produktivität von Drahtbondern in 14-poligen Bauelementen je Stunde, aus /14/

Simultanbondverfahren werden gegenwärtig insbesondere für spezielle Montageaufgaben eingesetzt. Sie kommen vorrangig bei der Anschlußkontaktierung großflächiger Chips mit hohen Anschlußzahlen, z. B. bei anwenderspezifischen Schaltkreisen (ASIC's), zum Einsatz, wobei oft die gesamte Chipfläche zur Kontaktierung benötigt wird und ein Drahtbonden unmöglich ist. Des weiteren weisen die mittels Simultanbondverfahren hergestellten Kontakte ausgezeichnete elektrische Eigenschaften in höchsten Frequenzbereichen auf und sind daher für schnelle integrierte Schaltkreise (VHSIC's) prädestiniert.

Vergleichende Analysen zwischen Einzel- und Simultanbondverfahren /15/ führen zu der Schlußfolgerung, daß letztere zwar künftig einen Teil der Anschlußkontaktierung übernehmen werden, die absolute Zahl der drahtgebondeten Kontakte aber nicht abnehmen wird. Bei weiterer Erhöhung der Arbeitsgeschwindigkeit und ökonomischerem Werkstoffeinsatz (Durchmesserreduzierung, edelmetallarme und vor allem edelmetallfreie Bonddrähte) wird die Drahtmontage auch in Zukunft ihre Berechtigung behalten.

2.4. Kugel-Keil-Drahtbonden

2.4.1. Verfahrensablauf

Im folgenden wird das TS-Kugel-Keil-Drahtbonden (s. Abb. 4) beschrieben. TC- und US-Bonden sollen dabei als Grenzfälle des TS-Bondens betrachtet werden, wobei die stoffschlüssige Verbindung beim TC-Bonden ohne Ultraschallunterstützung bzw. beim US-Bonden bei Raumtemperatur hergestellt wird.

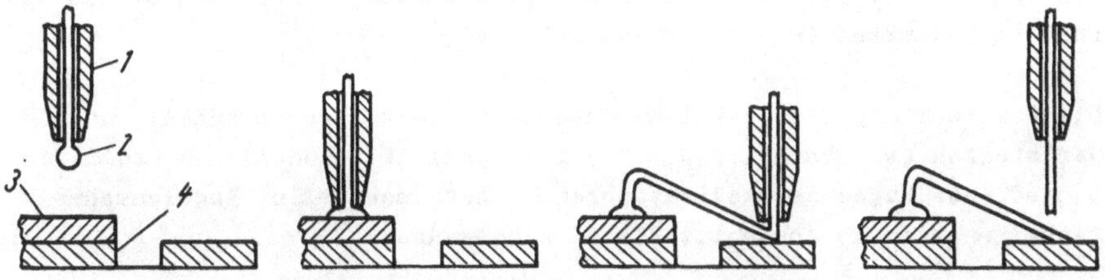

Abb. 4. Schematische Darstellung des Kugel-Keil-Drahtbondens (1 - Kapillar-Drahtbondwerkzeug, 2 - Bonddraht mit Kugel, 3 - Chip mit Bondinsel, 4 - Trägerstreifen)

Beim Kugel-Keil-Drahtbonden wird der Bonddraht in einem Kapillar-Drahtbondwerkzeug senkrecht zu den Drahtbondflächen geführt. Der in der Kapillarenzentralbohrung geführte und aus der Spitze des Werkzeugs herausragende Bonddraht wird mit Hilfe einer Anschmelzvorrichtung (s. Abschnitt 2.4.3.) aufgeschmolzen. Unter der Wirkung der Oberflächenspannung bildet sich in der Schmelzzone die Bondkugel. Der Durchmesser der in der Regel durch elektrische Entladung am Drahtende angeschmolzenen Kugel sollte etwa das 2.5- bis 3-fache des Bonddrahtdurchmessers betragen. Nach dem Absenken des Bondwerkzeuges auf die erste Drahtbondfläche wird die Kugel am Ende des Bonddrahtes unter Einwirkung von Druck (und meist Temperatur) zu einem nagelkopfförmigen Gebilde verformt. Unter zusätzlicher Zufuhr von Energie (Wärme und/oder Ultraschall) entsteht eine feste Verbindung zur chipseitigen Drahtbondfläche. Nach dem Ausführen dieses ersten Kontaktes der elektrischen Verbindung hebt die Kapillare von der Bondinsel ab, wird zur trägerstreifenseitigen Drahtbondfläche bewegt und formt dabei den durch die Kapillare gleitenden Bonddraht zur Drahtbrücke. Diese Bewegung kann in beliebiger Richtung erfolgen - der Hauptgrund für die hohe Produktivität des Kugel-Keil-Bondens im Vergleich zum Keil-Keil-Bonden mit Schräglochsonotrode. Nach erneutem Absenken des Bondwerkzeugs wird mit Hilfe der Kapillarfußfläche unter Einwirkung von Druck sowie Wärme und/oder Ultraschall der keilförmige zweite Kontakt der Drahtbrücke hergestellt und diese damit geschlossen. Danach hebt die Kapillare etwa um den Betrag der zum Anschmelzen der nächsten Kugel benötigten Länge des Bonddrahtes vom zweiten Kontakt ab; die oberhalb der Kapillare angeordnete Drahtzange schließt sich um den Bonddraht. Durch eine Zugbewegung reißt der Draht an der am stärksten verformten Stelle des zweiten Kontaktes (minimaler Querschnitt) ab.

Die Verarbeitung der reaktiven Unedelmetallmikrodrähte aus Al- und Cu-Werkstoffen (s. Abschnitt 3.2.3.) erfordert im wesentlichen Modifizierungen des Kugelanschmelzverfahrens. Auf spezielle Kugelanschmelztechniken wird in Abschnitt 2.4.3. eingegangen.

2.4.2. Einflußgrößen

Auf das Kugel-Keil-Drahtbonden haben neben der Optimierung des Verfahrensablaufs und der Eigenschaften der Bondflächen, des Bonddrahtes (s. Kap. 3) sowie des Bondwerkzeugs /10/ insbesondere die Bondparameter Einfluß. Wesentliche Bondparameter sind:

- Bondkraft
- Bondtemperatur (beim TC- und TS-Bonden)
- Ultraschalleistung (beim US- und TS-Bonden)
- Bondzeit.

Die Bondparameter sind voneinander abhängig und können sich in gewissen Grenzen gegenseitig ergänzen.

Die Bondkraft F_B besteht aus einer statischen und einer ausrüstungsspezifischen dynamischen Komponente. Sie ist in Abhängigkeit von den Draht- bzw. Kugeleigenschaften (Zusammensetzung, Verformbarkeit,

Oberflächenzustand usw.) sowie der Beschaffenheit der Drahtbondflächen und Drahtbondwerkzeuge so zu wählen, daß die für die Verbindungsbildung notwendige Verformung der Bondkugel bzw. des Bonddrahtes erzielt wird, es andererseits beim chipseitigen Kontakt zu keinen mechanischen Zerstörungen, insbesondere des Halbleitermaterials unter der Bondinsel ("Muschelbruch"), kommt. Beim TS- bzw. US-Bonden muß die Bondkraft mindestens so groß sein, daß die Ultraschallenergie definiert eingeleitet werden kann, ohne jedoch die Metallisierung zu zerstören.

Die Bondtemperatur T_B wird i. a. durch indirekte Widerstandserwärmung einer Ofenstation in der Transportstrecke des Drahtbondgerätes erzeugt. Zusätzlich sind Möglichkeiten zur Erwärmung des Kapillardrahtbondwerkzeuges vorgesehen.

Die Amplitude der am Bondwerkzeug verfügbaren mechanischen Schwingungen - als Maß für die Ultraschalleistung - ist so zu wählen, daß in Verbindung mit der jeweiligen Bondkraft der gewünschte Verformungsgrad bzw. die geforderte Kontaktfestigkeit ohne Zerstörung der Drahtbondflächen erreichbar sind. Durch die Ultraschallunterstützung beim TC-Bonden, d. h. den Übergang zum TS-Bonden, wird im Falle von Au-Mikrodraht die Herabsetzung der Bondtemperatur von 280...350 °C auf 200...280 °C und damit eine Reduzierung der thermischen Belastung der Bauelemente beim Drahtbonden möglich. So können Chipkleber sowie Weichlote auf Sn- und Pb-Basis eingesetzt werden. Das TS-Bonden ist für temperaturempfindliche Halbleiterbauelemente günstig. Gleichzeitig wird die Bondbarkeit verbessert /16/.

Die Bondzeit t_B beträgt in Abhängigkeit von der Bondkraft, der Bondtemperatur und der Ultraschallenergie sowie den Eigenschaften der Bondpartner einige 10...100 ms. Sie wird im Interesse höchstmöglicher Produktivität minimiert ($t_B \leq 100$ ms) /17/.

Weitere Einflußfaktoren wie Koordinierung der Kapillarenbewegung, Drahtbrückenhöhe, Bondrichtung usw. sind in /10/ diskutiert.

Die optimale Bondparameterkombination ist stets an die realen Bedingungen (Eigenschaften von Bondpartnern und Ausrüstungen) geknüpft und muß jeweils für den konkreten Fall empirisch ermittelt werden.

Die Weiterentwicklung des hochproduktiven Kugel-Keil-Bondens, das ursprünglich nur als TC-Drahtbonden existierte, erfolgt gegenwärtig in zwei Richtungen:

i) Beim ultraschallunterstützten TC-Bonden (TS-Bonden) wird eine Herabsetzung der Bondtemperatur durch erhöhte Ultraschalleistung angestrebt.
ii) Beim reinen US-Bonden wird die Erhöhung der Ultraschalleistung angestrebt.

Bei Verwendung von Mikrodrähten aus Cu-Werkstoffen sind der optimale Einstellbereich sowie das Toleranzfeld der Bondparameter sehr eng im Vergleich zur Goldmikrodraht-Standardtechnologie. Demzufolge ist eine wesentlich präzisere Einstellung und Überwachung der Bondparameter erforderlich /6/.

Bei Werkstoffen mit ungünstigen Verformungseigenschaften (z. B. Cu und Cu-Legierungen) müssen beim Bonden der Kugel relativ hohe Bondkräfte aufgebracht werden. Das kann bei Substraten mit geringer Duktilität (z. B. Silizium) zu Rissen - den sogenannten "Muschelbrüchen" - führen.

In Abb. 5 (aus /18/) sind die Verfestigungskurven von einkristallinem Cu und Au bei Raumtemperatur dargestellt. Die kritische Schubspannung unterscheidet sich für die beiden Metall-Einkristalle nur wenig (τ_0 = 0.7...0.8 Nmm^{-2}), jedoch ist der Verfestigungsanstieg im steilen, mittleren Bereich der Verfestigungskurve für Cu wesentlich größer als für Au. Der Anstieg der zur plastischen Deformation erforderlichen Fließspannung ist im mittleren Bereich der Verfestigungskurve eine materialspezifische Konstante.

Eine Temperaturerhöhung bewirkt bei kubisch-flächenzentrierten Metall-Einkristallen nach /19/

- eine Reduzierung der kritischen Schubspannung,
- eine Verlängerung des relativ flachen und linearen Anfangsbereichs der Verfestigungskurve (easy-glide region) und damit einen späteren Beginn des steilen Anstiegs der zur plastischen Deformation erforderlichen Fließspannung sowie
- eine Reduzierung der Schubspannung, bei der die Verfestigungskurve

vom linearen mittleren Bereich der Verfestigungskurve in den allmählich flacher werdenden und schwach gekrümmten Kurvenbereich übergeht und führt zu einer Verbesserung der Verformbarkeit des Cu.

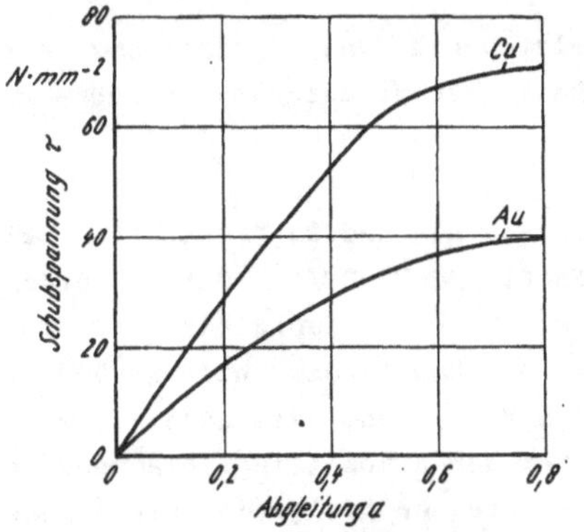

Abb. 5. Verfestigungskurven von einkristallinem Cu und Au bei Raumtemperatur, aus /18/

Durch Versetzungen und durch Verunreinigungen (sowie bei polykristallinen Proben durch das Gefüge) werden vor allem die kritische Schubspannung und die Schubspannungen an den Enden des Anfangsbereiches sowie des mittleren Bereiches beeinflußt. Diese Werte nehmen bei niedriglegiertem Cu mit wachsender Fremdatomkonzentration zu.

2.4.3. Ausrüstungen

An hochproduktive, vollautomatische Drahtbonder werden folgende Forderungen gestellt:

- hohe feinmechanische Präzision
- leistungsfähige elektronische Bildauswerteverfahren zur automatischen Chiplageerkennung
- Bereitstellung schneller, bauelementespezifischer Programme für Prozeßablauf und Prozeßüberwachung
- moderne, leicht umrüstbare Transport- und Magazineinheiten.

Technologische Ausrüstungen zum Kugel-Keil-Drahtbonden sind in /10,13,20-26/ prinzipiell beschrieben. In der Mikroelektronik-Industrie der DDR ist vor allem der vollautomatische Drahtbonder VADB-10 im Einsatz.

Durch Modifizierung der Kugelanschmelztechnik und Optimierung der Bondparameter bietet sich die Möglichkeit, Unedelmetallmikrodrähte zu verarbeiten.

Für das Kugelanschmelzen an Bonddrähte aus Al- und Cu-Werkstoffen ist eine Inertgasfunkenentladung vorteilhaft /6,27-29/. Dafür wurden Kugelanschmelznetzwerke, die auf der direkten Kapazitätsentladung beruhen - Hochspannungsfunkenentladung ($U > 500$ V) bzw. hilfsgezündete Niederspannungsfunkenentladung ($U < 500$ V) -, und geeignete Schutzgasapplikationsvarianten entwickelt, bei deren kombinierter Anwendung sich homogene Bondkugeln mit einem für die nachfolgende Verformung günstigen Gefüge und verringerter Oxidationsneigung herstellen lassen /6, 27-36/. Der Einfluß von Schaltungstechnik, Elektrodenkonfiguration und Schutzgasapplikation auf die Qualität der erzeugten Bondkugel wird von KÖHLER /29/ diskutiert.

Als Inertgas kann Argon oder technischer Stickstoff eingesetzt werden. Nach /6/ sichern Gasdurchflußmengen von maximal 5 l technischer Stickstoff pro Stunde die während des Kugelanschmelzprozesses an Cu-Mikrodrähten notwendige Inertgasatmosphäre. Um eine Kupferoxidbildung während des Kugelanschmelzens zu verhindern und Oxide, die sich während der Mikrodrahtherstellung und Lagerung gebildet haben, zu beseitigen, können dem Inertgas Reduktionsmittelträger (Wasserstoff /37/) hinzugefügt werden, die bei Energiezufuhr reduzierend wirken bzw. Reduktionsmittel freisetzen.

Um die Entstehung von "Muschelbruch" durch eine verminderte Belastung des Siliziumkristalls zu unterdrücken sind eine Reihe geeigneter Methoden vorgeschlagen worden, die die temperatur- und gefügeabhängige Verformbarkeit der Bondkugeln berücksichtigen, z. B.

- Beheizen der Bondkapillare
- Aufheizen der Chipbondfläche mittels heißem Inertgas oder Laser
- hilfsgezündete Niederspannungsfunkenentladung mit "Kugelnachbehandlung"

- Reduzierung des Ultraschallpegels in der ersten Phase des Bondens des Chipkontaktes mittels mechanischer Dämpfung und durch zeitlich versetzte Einkopplung von Ultraschallschwingungen.

Die von KÖHLER /29/ vorgeschlagene optimierte Funkenentladung (hilfsgezündete Niederspannungsfunkenentladung) mit "Kugelnachbehandlung" (durch eine Folge von Funkenentladungsimpulsen) führt dazu, daß die Cu-Bondkugeln vollständig aufgeschmolzen werden - im Vergleich zur Hochspannungsglimmentladung, bei der ein Fortsetzen des Drahtgefüges in den Kugelbereich typisch ist. Gemäß der Hall-Petch-Beziehung wird eine verbesserte ("goldanaloge") Verformbarkeit der Cu-Bondkugeln erreicht.

Die im Kugelhals (Wärmeeinflußzone) infolge Wärmeableitung stattfindende Kurzzeitrekristallisation wurde für Au- und Cu-Mikrodrähte von HAUSMANN u. a. /38-40/ untersucht. Bei mittleren Temperaturen wird demzufolge ein oligokristallines Gefüge gebildet, bei höheren Temperaturen bereits nach kurzen Zeiten ein sogenanntes "Bambusgefüge". Diese Vergröberung des Gefüges infolge des Aufschmelzens der Korngrenzenbereiche führt zu einem Abfall der mechanischen Festigkeit.

2.4.4. Wirkprinzipien beim Preßschweißen

2.4.4.1. Elementarmechanismen und Einflußgrößen

Das Kugel-Keil-Drahtbonden als Mikropreßschweißverfahren, bei dem gleich- oder verschiedenartige Werkstoffe durch die zeitlich begrenzte Einwirkung von Druck sowie Temperatur und/oder Ultraschall miteinander verbunden werden, ist gegenüber den anderen bekannten Fügeverfahren (z. B. Löten, Kleben) vor allem deshalb favorisiert, weil es ohne Zusatzwerkstoffe, kostengünstig, hochproduktiv, mit ausreichender Zuverlässigkeit und mit einer minimalen Anzahl beteiligter Werkstoffkomponenten ausführbar ist.

Das Wesen der beim Preßschweißen, und insbesondere bei Ultraschallunterstützung, ablaufenden Vorgänge (z. B. mikrostrukturelle Umwandlungen und tribologische Prozesse während der Verbindungsbildung) ist noch nicht völlig aufgeklärt. Wesentliche physikalisch-chemische

Elementarvorgänge beim Preßschweißen sind /41,42/:

i) ohne Materialtransport
   - Adhäsion

ii) mit Materialtransport infolge mechanischer und thermischer Aktivierung
   - Volumen- und Grenzflächendiffusion
   - plastische Deformation
   - Rekristallisation.

Das Auftreten dieser, meist nebeneinander wirkenden Elementarprozesse, der entsprechende Bindungsmechanismus und der durch sie bewirkte Bindungszustand wird durch die nachfolgend aufgeführten Eigenschaften der Werkstoffe und Werkstoffkombinationen (Primärfaktoren) und durch technologisch bedingte Sekundärfaktoren beeinflußt /42,43/:

i) Primärfaktoren
   - Oberflächentopographie, die die mögliche, zu Anfang wirksame Berührungsfläche bestimmt
   - Fremd- und Oxidschichten auf den Oberflächen
   - freie Oberflächenenergie der beteiligten Partner
   - Orientierung der Berührungsflächen
   - Atomradien, Wertigkeit, Elektronenaffinität, Kristallstruktur und Kristallzusammensetzung, Bindungszustände der Kristalle
   - kritische Schubspannung
   - partielle Diffusionskoeffizienten

ii) Sekundärfaktoren
   - Realstruktur
   - Verfestigung
   - bei den technologischen Bedingungen mögliche Phasenumwandlungen.

2.4.4.2. Verbindungsbildung infolge mechanischer Aktivierung

Für die Ausbildung eines metallischen Kontaktes mit hoher mechanischer Festigkeit und kleinem elektrischen Kontaktwiderstand, wie er bei der Verbindung zweier Metalle bzw. Legierungen beim Drahtbonden gefordert wird, ist eine äußere Energiezufuhr notwendig, die eine plastische

Deformation der Bondpartner in der Verbindungszone und die Ausbildung einer möglichst großen realen Kontaktfläche bewirken muß.

Die Energiezufuhr erfolgt beim Preßschweißen primär infolge der Wirkung des Preßdrucks auf die zu verbindenden Werkstoffe. Der zur Verbindungsbildung notwendige, infolge des Fehlens einer schmelzflüssigen Phase sehr hohe Preßdruck kann durch Energiezufuhr in Form von Wärme und/oder elastomechanischen Schwingungen im Ultraschallfrequenzbereich reduziert werden.

Die Vorgänge während der Verbindungsbildung hängen sowohl von der Energiezufuhr (Druck, Ultraschall, Temperatur) als auch von den zu verbindenden Werkstoffen ab. Über die Mechanismen bei der Verbindungsbildung besteht im Detail noch keine völlige Klarheit. Von SCHEEL /43/ und MASUR u. a. /44/ wurde eine Reihe von Hypothesen diskutiert (z. B. Verbindungsbildung infolge naszierender Bindung, Bindung durch Diffusions- und Rekristallisationsprozesse, Bindung durch Aufschmelzen einer dünnen Grenzschicht). Allen Hypothesen ist gemeinsam, daß sie immer nur einzelne Gesichtspunkte des Prozesses beschreiben. Der Gesamtprozeß hat jedoch komplexen Charakter.

Von MASUR u. a. /44/ wurde eine qualitative Beschreibung der Verbindungsbildung in fester Phase vorgenommen. Dazu wird der Gesamtprozeß in drei charakteristische Stadien unterteilt:

i) Bildung des physikalischen Kontaktes
ii) Aktivierung der Kontaktfläche
iii) Fortschreiten der Wechselwirkung im Volumen.

In der Anfangsphase kommt es - neben der Säuberung der Oberflächen der zu verbindenden Werkstoffe (s. Abschnitt 2.4.4.3.) und der Einebnung der (für reale Oberflächen typischen) Rauhigkeitsspitzen - durch die plastische Deformation und die daraus resultierende Bewegung des Materials senkrecht zur wirkenden Bondkraft zu ersten metallischen Kontakten. Diese ersten Kontakte zwischen Bonddraht und Metallisierungsschicht sind dadurch charakterisiert, daß eine Annäherung der zu verbindenden Werkstoffe bis auf den Abstand des Wirkens van-der-Waalsscher Kräfte (physikalische Wechselwirkung) erfolgt /43,45/. Da es wegen der Oberflächentopographie realer Bondpartner i. a. nicht möglich ist, größere Teile der scheinbaren Kontaktfläche zwischen

Bonddraht und Metallisierungsschicht in einheitlicher Form (d. h. gleiche kristallographische Orientierung der Oberflächenbereiche) in Kontakt zu bringen, ist die reale Kontaktfläche, die sich - bei makroskopischer Betrachtungsweise - aus einer Vielzahl von Berührungspunkten zusammensetzt, somit wesentlich kleiner als die scheinbare Kontaktfläche /46,47/. Bei mikroskopischer Betrachtungsweise handelt es sich jedoch um zahlreiche, in atomaren Dimensionen große Kontaktflächen /43,45/. Diese ersten Mikroschweißungen an günstig orientierten Körnern reichen jedoch nicht aus, um eine hinreichende Festigkeit der Verbindung insgesamt zu bewirken. Sie stellen aber eine notwendige Vorstufe für die Bildung einer Schweißung dar /48/.

Im zweiten Stadium des Prozesses wird das Verhältnis von realer zu scheinbarer Kontaktfläche infolge weiterer plastischer Deformation der zu verbindenden Werkstoffe weiter erhöht (Untersuchungen von WERNER /49,50/ haben an Al-TC-Kontakten einen Flächenanteil von 25 bis 35 % ergeben.) und die Bildung einer festen Verbindung beginnt.

Mit der Entstehung aktiver Zentren (Austrittspunkte von Versetzungen) an der Kontaktfläche des festeren der zu verbindenden Werkstoffe werden die gesättigten chemischen Verbindungen auf der Oberfläche zerstört. Die aktiven Zentren haben ein elastisches Spannungsfeld.

Da die plastische Deformation hauptsächlich infolge der Bewegung von Versetzungen sowie der Bildung von Versetzungen und Leerstellen in den Werkstoffen erfolgt, ist es notwendig, diese Mechanismen detailliert zu untersuchen. Die zugeführte mechanische Energie wird bevorzugt an Versetzungen absorbiert und führt zu einem Herabsetzen der Fließgrenze der Kontaktwerkstoffe. BLEICH /51/ hat am Beispiel des US-Schweißens ausführlich beschrieben, wie infolge mechanischer Aktivierung die Beweglichkeit vorhandener Versetzungen erhöht wird und wie neue Gitterstörungen, vorwiegend in Form von Stufen- und Schraubenversetzungen, generiert werden. Diese Vorgänge finden in analoger Weise beim TC/TS-Schweißen statt /50/. Die vorzugsweise an Korngrenzen angestauten Versetzungen /52/ geraten bei Überschreiten eines Grenzwertes der Energie in Bewegung und führen zu einem kurzzeitigen sprungartigen Anstieg der Deformationsgeschwindigkeit in der Schweißstelle. Durch die Bewegung von Schraubenversetzungen mit Stufen, das Klettern von Stufenversetzungen und das Doppelquergleiten wird eine große Anzahl von Leerstellen gebildet /49,50/. Die große Beweglichkeit von Zwischengitteratomen ermöglicht diesen, an Senken schnell auszuheilen, und es kommt kurzzeitig zur Übersättigung an Leerstellen. Mit der Vergrößerung der aktiven Gleitsysteme wächst die Bildungsgeschwindigkeit für Leerstellen, mit der Erhöhung der Temperatur wächst die Anzahl der Leerstellen /53/.

Im dritten Stadium des Prozesses kommt es infolge des chemischen Potentialgradienten zu weiteren atomaren Transportprozessen im Volumen /43-45,51/, die durch die hohe Defektdichte sowie den heterogenen Spannungszustand beschleunigt ablaufen. Infolge einer weiteren Vergrößerung der realen Kontaktfläche ist eine Festigkeitserhöhung der Verbindung möglich. Durch die Bewegung von Leerstellen und Versetzungen werden mechanische Spannungen in der Verbindungszone abgebaut.

Ausgehend von dieser Darstellung des Gesamtprozesses, die auf einer Vielzahl von experimentellen Ergebnissen beruht, kann man als gesichert ansehen, daß sich das Preßschweißen auf atomare Transportprozesse zurückführen läßt /42,54/.

Bei der Darstellung der Verbindungsbildung wurde zwischen scheinbarer und realer Kontaktfläche unterschieden. Die Größe dieser realen Kontaktfläche ist nach BOWDEN und TABOR /55/ vor allem vom Preßdruck auf die zu verbindenden Werkstoffe abhängig. KRASULIN /56/ hat den qualitativen Verlauf von Normal- und Tangentialspannung für den Fall, daß ein Draht auf einer ebenen Unterlage verschweißt wird, abgeschätzt. Danach nimmt die Normalspannung zum Rand der Verbindungszone ab, während die Tangentialspannung ansteigt und einen Ring gleichbleibend hoher Tangentialspannung bildet. Das bedeutet, daß im Zentrum des Bondkontaktes kaum, im äußeren Ring jedoch starke Materialbewegung stattfindet. Diese Tatsache wird experimentell bestätigt, d. h. durch die am Rand des Bondkontaktes beginnende und nach innen fortschreitende Verbindungsbildung kommt es zu ringförmigen realen Kontaktflächen ("Bindungsring") /57-59/. Wie das Phänomen "Bindungsring" und die lokale Verfestigung im Bondkontakt verdeutlichen, ist in diesem ringförmigen Gebiet auch die bei der plastischen Deformation auf das aktivierte Gleitsystem wirkende Schubspannung am größten, und demzufolge auch die Beanspruchung des Bondwerkzeugs /59/.

Abschließend sollen tribologisch bedingte Effekte erwähnt werden, die sowohl für die Verbindungsbildung als auch für die Zuverlässigkeit der

Verbindung von Bedeutung sind /9/.

Bedingt durch die Art der Energiezufuhr erfolgt die Verbindungsbildung beim Preßschweißen (und speziell beim Kaltpreßschweißen) primär durch mechanische Aktivierung - im Gegensatz zur thermischen Aktivierung beim Schmelzschweißen. Gesichert ist dabei, daß es durch den beim Preßschweißen wirkenden Druck sowie durch die Einwirkung von Ultraschall, d. h. einer starken Materialbewegung, in der Verbindungszone zu energetisch hochangeregten Zuständen ("Triboplasma" /60/) kommt. Das tribochemische Gleichgewicht ist - im Gegensatz zum thermodynamischen Gleichgewicht - von so kurzer Dauer, daß sich keine Maxwell-Boltzmann-Verteilung einstellen kann. Es ist durch eine ständige Entropieerzeugung infolge Strukturzerstörung im Festkörper sowie einen ständigen Energiefluß in den Reaktionsraum gekennzeichnet /61/.

Tribologisch erzeugte, sehr hohe lokale Erwärmungen in Mikrobereichen ("hot spots" /62/), die zum Aufschmelzen des Verbindungspartners mit der niedrigsten Schmelztemperatur führen können /55/, bewirken auch relativ hohe integrale Temperaturen /63-65/ und begünstigen so die bereits beschriebenen Mechanismen bei der Bewegung und Erzeugung von Kristallbaufehlern.

Wesentlich für die Bildung und weitere Verfestigung der Verbindung ist, daß diffusionskontrollierte Reaktionen durch mechanische Aktivierung um mehrere Größenordnungen beschleunigt ablaufen können /66,67/. Die Ursache dafür besteht in der tribologischen Erzeugung "frischer Oberflächen" (ohne Adsorbate und Reaktionsschichten) und in der Reduzierung der Aktivierungsenergie für Platzwechselvorgänge ("Tribo-Diffusion") infolge der hohen Defektdichte in kontaktkorngrenzennahen Bereichen /61,68/. Rekristallisations- und Diffusionsprozesse lassen sich bei tribologisch erzeugten Verbindungen nicht wie in /69/ formuliert vernachlässigen. Sie spielen selbst für Metalle mit hohem Schmelzpunkt bei Raumtemperatur eine wesentliche Rolle.

Für das Initiieren tribochemischer Reaktionen sind bisher keine allgemeinen Mechanismen bekannt. Jedoch führen Veränderungen in der Realstruktur (z. B. hohe Leerstellenkonzentrationen und Versetzungsdichten) zu hohen Eigenspannungen sowie zur Erhöhung der freien Enthalpie des Festkörpers, und damit zu einer erhöhten chemischen Reaktivität. Ein ganz wesentlicher Fakt ist, daß bei tribochemischen

Reaktionen infolge der schnellen Verfestigung energetisch hochangeregte Zustände (Nichtgleichgewichtszustände) entstehen können, die zu anderen Reaktionsprodukten führen als bei thermischer Aktivierung /61/. Im Falle von Mehrkomponentenkontaktsystemen in Bondkontakten ist es z. B. möglich, daß sich Cluster mit einer Nahordnungsstruktur bilden, die nicht der Kristallstruktur der gemäß Zustandsdiagramm (thermodynamisches Gleichgewicht) möglichen intermetallischen Phasen entspricht. Diese amorphen oder mikrokristallinen Phasen mit einer lateralen Ausdehnung von einigen Atomlagen können nachfolgende atomare Transportprozesse merklich beeinflussen.

2.4.4.3. Einfluß von Oxid- und Fremdschichten

Die beim Preßschweißen zur Verbindungsbildung notwendige Deformation der Werkstoffe wird wesentlich durch die Dicke und die mechanischen Eigenschaften der auf den Verbindungspartnern (Bonddraht bzw. -kugel und Metallisierungsschicht) befindlichen Oxid- und Fremdschichten bestimmt. In /70,71/ wurde festgestellt, daß diese Schichten die unmittelbare Berührung der zu verbindenden Werkstoffe in der ersten Phase der Kontaktausbildung hemmen. Insbesondere zusammenhängende Oxidschichten auf den Metalloberflächen verhindern das Wirken ausreichender Adhäsionskräfte und/oder behindern Elementarmechanismen (s. Abschnitt 2.4.4.1.). Diese Effekte beeinflussen den Bindungsvorgang der Metalle und Legierungen, der weitestgehend von den energetisch-strukturellen Oberflächeneigenschaften der zu verbindenden Werkstoffe bestimmt wird, negativ /72/.

Werden Oxid- und Fremdschichten vor dem eigentlichen Bindungsvorgang nicht oder nicht vollständig beseitigt und sind diese weniger verformbar als die Metalle selbst - bei einer Vielzahl von Oxiden ist das der Fall - so ist die Bondkraft so zu dimensionieren, daß die Schicht platzt und an diesen Stellen die Voraussetzung für die metallische Bindung erfüllt ist. Weiterhin ist infolge der Verringerung des Oxid- und Fremdschichtwiderstandes ein kleiner Kontaktwiderstand erzielbar. Jedoch kann die Bondkraft nicht beliebig erhöht werden (s. Abschnitt 2.4.3.).

Beim Verformungsvorgang von Bonddraht bzw. -kugel und Metallisierungsschicht während der Verbindungsbildung werden Oxid- und

Fremdschichten an den Rand der Schweißzone transportiert. Ultraschalleinwirkung (beim US- und TS-Bonden) begünstigt diesen Prozeß. Nicht aus der Verbindungszone abtransportierte Oxid- und Fremdschichten führen zu lokalen Einschlüssen in den Bondpartnern bzw. in der Bindungsebene /73,74/. Es ist zu erwarten, daß härtere Oxidpartikel in die weicheren Grundwerkstoffe (Bonddraht, Metallisierung) eingepreßt werden.

3. WERKSTOFFE UND WERKSTOFFKOMBINATIONEN

3.1. Anforderungen an die Bondpartner

Beim Kugel-Keil-Drahtbonden integrierter Schaltkreise treten als Bondpartner Bonddraht, Bondstrukturen (Bondinseln des Chips und metallische Drahtbondbereiche des Trägerstreifens) und Bondwerkzeug miteinander in Wechselwirkung. Fast immer stellen die dabei möglichen Werkstoffkombinationen einen Kompromiß dar, um bestimmten Forderungen nach

- großer Verfahrenssicherheit und -breite
- hoher Zuverlässigkeit und Lebensdauer
- Automatisierungsfreundlichkeit
- Einfachheit und Wirtschaftlichkeit der Technologie
- Unkompliziertheit der Ausrüstungen
- höchstem ökonomischen Effekt bei minimalem Arbeitszeit- und Materialaufwand
- Minimierung des Edelmetalleinsatzes
- hoher Standzeit der Bondwerkzeuge und sonstiger Hilfsmittel

zu genügen. Gleichzeitig sind Belange der Bauelementegesamtkonzeption einschließlich der dem Drahtbonden vor- und nachgelagerten technologischen Teilschritte und die Einsatzbedingungen der Bauelemente mit technisch sinnvollen Lösungen in Einklang zu bringen /10/.

Die schmelzmetallurgischen und verformungstechnischen Teilschritte zur Bonddrahtherstellung (Legierungsherstellung, Werkstoffverformung, Wärme- und Oberflächenbehandlungen) sind in Abhängigkeit vom Werkstoff zu optimieren. Drähte aus Al, Ni, Cu, Pd, Ag, Pt und Au, die bereits in Elektrotechnik, Gerätebau usw. Anwendung finden, kommen aus metallurgischer Sicht in die engere Wahl.

Für die technologische Verarbeitung, insbesondere in vollautomatischen Drahtbondern, müssen die metallphysikalischen Eigenschaften der Mikrodrähte (unter Berücksichtigung der anderen Bondpartner, der Bondtechnologie sowie der technischen Spezialausrüstungen) optimiert werden, wobei folgende Kriterien anzustreben sind:

- gute Verformbarkeit
- optimale Festigkeit und Dehnung
- hohe Biegewechsel- und Ermüdungsfestigkeit
- hohe thermische Stabilität
- große Oberflächenspannung
- hohe Oberflächengüte (glatte, saubere Oberfläche, keine oder leicht entfernbare Oxidschicht)
- hohe chemische Beständigkeit und Lagerfähigkeit
- Homogenität der Eigenschaften und enge Toleranzen über die gesamte Drahtlänge einer Spule und von Spule zu Spule
- geringe Wechselwirkung mit dem Werkstoff der Drahtbondwerkzeuge, um eine hohe Standzeit zu gewährleisten.

Weiterhin sind die tribomechanischen bzw. tribochemischen und thermisch aktivierten Prozesse beim Bonden sowie die thermische und chemische Stabilität der entstehenden Kontaktsysteme für die Bildung und für die Zuverlässigkeit der Verbindung von entscheidender Bedeutung.

Die erfolgreiche Lösung einer derartig komplexen Aufgabe setzt die Kenntnis sämtlicher den technologischen Prozeß beeinflussenden Werkstoffeigenschaften voraus. Von besonderer Bedeutung sind die metallphysikalischen Prozesse in den Kontaktsystemen, die sich durch Verbinden des Bonddrahtes mit den chip- und trägerstreifenseitigen Bondstrukturen ergeben. In den Abschnitten 3.2. bis 3.4. werden diese Werkstoffe charakterisiert. Bondwerkzeuge sind in /10/ beschrieben.

3.2. Bonddraht

3.2.1. Werkstoffauswahl

Als Bonddraht für die Fertigung integrierter Schaltkreise wird metallischer Feinstdraht im Durchmesserbereich von etwa 7.5...50 µm (meist 25...30 µm) eingesetzt, wobei der Trend zur Durchmesserreduzierung der Bonddrähte aus der Verringerung von Bondinselgröße und -abstand mit zunehmendem Integrationsgrad bzw. fortschreitendem "scaling down" der Bauelemente sowie aus der Materialökonomie (vor allem bei Einsatz von Edelmetallen) resultiert.

Tab. 1. Physikalische Eigenschaften möglicher Bonddrahtwerkstoffe

Werkstoff	Al	Ni	Cu	Pd	Ag	Pt	Au
Dichte ϱ_M/g · cm^{-3} (ϑ = 20 °C)	2.69	8.96	8.93	12.2	10.49	21.4	19.32
Spezif. elektr. Widerstand ϱ/10^{-6} Ω · cm	2.50	6.14	1.55	9.77	1.49	9.81	2.06
Produkt ϱ_M · ϱ/ 10^{-6} g · Ω · cm^{-2}	6.7	55.0	13.8	119.2	15.6	209.9	39.8
Schmelztemperatur ϑ_s/°C	660	1453	1083	1552	960	1769	1063
Mittlerer linearer therm. Ausdehnungskoeffizient α/10^{-6} K^{-1} (ϑ = 0...100 °C)	23.86	13.1	16.8	12.4	18.7	8.94	14.2
Wärmeleitfähigkeit λ/W · m^{-1} · K^{-1}	226	58.6	402	71.1	422	73	298
Elastizitätsmodul E/10^{10} N · m^{-2} (ϑ = 20 °C)	7.22	19.70	12.50	12.36	8.16	17.32	7.90

Festigkeit und Dehnung sind die wichtigsten variablen Drahtparameter, die es in Abhängigkeit von den metallurgischen Möglichkeiten und den technologischen Einflußgrößen zu optimieren gilt. Optimale Bereiche für diese Drahteigenschaften sind R_M = 170...280 MPa und A = 1.0...15 % /7,75/. Harter Bonddraht mit geringer Dehnung neigt beim Bonden (Ziehen der Drahtbrücke) zum Abknicken am Kugelhals (vom Kugelanschmelzen thermisch beanspruchter und weichgeglühter Abschnitt unmittelbar hinter dem Kugelkontakt). Weicher Bonddraht mit hoher Dehnung neigt zum "Durchhängen" der Drahtbrücken.

Für den Einsatz integrierter Schaltkreise ist ein geringes Dichte-Widerstands-Produkt günstig. Aus Tab. 1, in der wichtige physikalische Eigenschaften möglicher Bonddrahtwerkstoffe zusammengestellt sind, folgt, daß vor allem Al, Cu, Ag und Au ein geringes Dichte-Widerstands-Produkt aufweisen. Ag-Bonddrähte sind wegen der ungenügenden werkstoffphysikalischen Zuverlässigkeit von Ag/Al-Kontakten (s. auch Abschnitt 6.3.) in ihrem Einsatz beschränkt.

Im folgenden werden deshalb Au-Mikrodrähte und Unedelmetallmikrodrähte aus Al- und Cu-Werkstoffen, die potentielle Edelmetallsubstitute darstellen, betrachtet.

3.2.2. Goldmikrodraht

Gold stellt wegen seiner hervorragenden Eigenschaften (hohe elektrische und thermische Leitfähigkeit, ausgezeichnete Korrosions- und Alterungsbeständigkeit, Herstellbarkeit, Legierbarkeit, günstige mechanische Eigenschaften) den idealen Bonddrahtwerkstoff dar. Nachteilig ist, daß sich bei Einsatz von Au-Bonddrähten zunehmend ökonomische Probleme ergeben.

Reingolddrähte weisen nicht die für den Bondprozeß erforderliche Festigkeit auf. Zur Verbesserung der Verformbarkeit und zur Optimierung von Festigkeit und Dehnung werden der Schmelze Metalle wie Be, Fe, Cu, Y, Pd, Ag, Pt u. a. in Gesamtmengen nicht über 0.01...0.02 Masse-% zugesetzt /76-78/. Dotierte Au-Mikrodrähte werden für die Verarbeitung in vollautomatischen Drahtbondern, in denen eine erhöhte dynamische Beanspruchung des Drahtmaterials auftritt, empfohlen /77/.

3.2.3. Unedelmetallmikrodrähte

3.2.3.1. Generelle Werkstoffprobleme und Lösungsvarianten

Trotz zeitweilig sinkender bzw. stabiler Goldpreise werden die Bestrebungen zur Minimierung des Edelmetalleinsatzes im Zyklus II der Bauelementeherstellung forciert vorangetrieben. Zur Einsparung von Edelmetallen beim Drahtbonden existieren prinzipiell folgende Möglichkeiten:

- Durchmesserreduzierung des Au-Mikrodrahtes
- Verringerung des Au-Anteils im Bonddraht (Au-Legierungen, Verbunddrähte)
- Verstärkte Einführung des US-Keil-Keil-Bondens mit Al-Mikrodraht
- Substitution des Au-Mikrodrahtes beim TC/TS-Kugel-Keil-Bonden durch Unedelmetallmikrodrähte
- Einführung neuer Bondverfahren (s. Abschnitte 2.2. und 2.3.) und neuer Bauelemente.

Diese Varianten werden in /79,80/ diskutiert. Mit der Zielstellung, möglichst edelmetallfreie Lösungen zu erzielen, und aus den in Abschnitt 2.3. diskutierten Gründen kommt den für das Kugel-Keil-Bonden einsetzbaren Unedelmetallmikrodrähten entscheidende Bedeutung zu.

In den letzten Jahren sind - insbesondere stimuliert durch ökonomische Gründe - weltweit verstärkt Aktivitäten zur Substitution von Au-Mikrodraht für das TC/TS-Kugel-Keil-Bonden zu verzeichnen /3,5-7,27-37,81-93/. Die aussichtsreichsten Substitutionsvarianten stellen dabei Al- und Cu-Werkstoffe dar (s. Abschnitt 3.2.1.). Intensive Arbeiten zur Substitution von Au-Mikrodraht durch Al- und Cu-Werkstoffe werden vor allem bei den japanischen Firmen HITACHI, SHINKAWA, NIPPON DENKI, TOSHIBA, MITSUBISHI, MATSUSHITA und FUJITSU geleistet. Von führenden Drahtherstellern in Japan, USA, BRD und Schweiz werden - neben dem konventionellen Au-Mikrodraht - Unedelmetallmikrodrähte für das Kugel-Keil-Bonden auf vollautomatischen Drahtbondern angeboten (insbesondere aus Al- und Cu-Werkstoffen), ohne daß Angaben zum Einsatz und zur Eignung (d. h. Produktivität, Ausbeute, Zuverlässigkeit) gemacht werden. Großtechnisch haben sie bisher keine Anwendung gefunden.

Ein generelles Problem bei der Au-Substitution durch reaktive Unedelmetalle stellt deren schlechte chemische Beständigkeit dar, speziell die höhere Oxidationsneigung bei Herstellung, Lagerung und Verarbeitung der Mikrodrähte, die zu einer Verschlechterung der Bondeigenschaften dieser Mikrodrähte beim TC/TS-Kugel-Keil-Bonden führt.

Im Zeitraum bis zur Verarbeitung läßt sich die Oxidbildung prinzipiell durch Herstellung von Verbunddrähten, durch galvanische Beschichtung der Unedelmetallmikrodrähte oder durch Inhibitionsbehandlungen mit organischen Verbindungen verhindern bzw. reduzieren. Modifikationen in den technologischen Abläufen und Spezialausrüstungen, die die Verarbeitung der Unedelmetallmikrodrähte ermöglichen, wurden in Abschnitt 2.4. diskutiert.

Außer diesen, bei der Lagerung und Verarbeitung von Unedelmetallmikrodrähten auftretenden Problemen ist - im Hinblick auf die Zuverlässigkeit - das Verhalten der Werkstoffe und Werkstoffkombinationen unter Einsatzbedingungen wichtig. Dieser Aspekt der möglichen Transportvorgänge und Reaktionen zwischen den Bondpartnern spielte die beherrschende Rolle bei der Suche nach neuen Drahtwerkstoffen und war über lange Zeit ergebnislos /5,79/.

3.2.3.2. Al-Mikrodraht

Der Werkstoff Aluminium unterliegt bei den für die Bonddrahtherstellung erforderlichen Mengen kaum ökonomischen Beschränkungen.

Die Al-Werkstoffe werden offen erschmolzen und durch gerichtete Erstarrung zu einem lunkerfreien Block gegossen. Die Primärumformung erfolgt in der Regel durch Pressen an Zwischenabmessungen.

Die endgültige Formgebung erfolgt durch direktes Ziehen unter Einsatz von Mehrfachziehmaschinen. Das Ziehen von reinen Al-Mikrodrähten an Durchmesser unterhalb 100 µm ist wegen der komplexen Versetzungsstruktur und der daraus resultierenden geringen Plastizität des Werkstoffs technisch unmöglich, d. h. es müssen Al-Legierungen verwendet werden. Beim US-Keil-Keil-Bonden hat sich AlSi1-Mikrodraht bewährt, der eine feindisperse Verteilung von Si-Ausscheidungen aufweist. Teilweise wird auch AlMg1-Mikrodraht eingesetzt.

Für das TS-Kugel-Keil-Bonden sind aus bondtechnologischen Gründen (s. unten) Mikrodrähte aus thermisch stabilen Al-Legierungen notwendig. Drahtbrücken aus ausscheidungsgehärteten AlCu-Basis-Legierungen haben trotz z. T. im Kugelhalsbereich auftretender Einschnürungen die erforderliche Festigkeit. Es hat sich gezeigt, daß AlCu4X-Mikrodrähte (X = 0.1...1.0 Masse-% Mg bzw. 0.1 Masse-% Zr) eine "goldanaloge" Verarbeitung ermöglichen /28/.

Für das Umformverhalten dieser AlCu4X-Legierungen sind der Ausscheidungszustand und der Dispersionsgrad der ausgeschiedenen Al-Cu-/Al-Cu-X-Phasen von entscheidender Bedeutung /7,75/. Abb. 6 gibt das Ausscheidungsverhalten von AlCu4Mg0.5 wieder. Mittels Transmissionselektronenmikroskopie von BEREK u. a. /94/ durchgeführte Untersuchungen zeigen, daß eine Wärmebehandlung bei ϑ_A = 130 °C nach der Homogenisierung (ϑ_H = 510 °C) zu ϑ'- und S'-Ausscheidungen, Versetzungen und Versetzungsringen führt. Bei ϑ_A = 190 °C entsteht ein dichtes Netz orientierter ϑ'- und S'-Ausscheidungen, verbunden mit einem Absinken der Dehnung und einem Festigkeitsanstieg. Im Temperaturbereich ϑ_A = 235...320 °C scheiden sich die stabilen Gleichgewichtsphasen aus. Dieser Vorgang ist mit einer teilweisen Auflösung der metastabilen ϑ'- und S'-Phasen gekoppelt, wodurch die Dehnung ansteigt und die Festigkeit abnimmt, bis sie bei ϑ_A = 320 °C ein Minimum erreicht. Für Temperaturen ϑ_A > 350 °C lösen sich die Ausscheidungen auf und die Mischkristallverfestigung, verbunden mit einer Dehnungszunahme, wird wirksam. Abb. 7 gibt das Verfestigungsverhalten von AlCu4Mg0.5 wieder, wenn der hydrostatisch gepreßte Draht durch Ziehen weiter verformt wird. Das nach dem Pressen vorliegende rekristallisierte Gefüge läßt eine maximale Verformung von 97.2 % zu. Dadurch wird eine Verfestigung von ca. 100 % erreicht. Die weitere plastische Deformation bis an die Endabmessung setzt den Beginn der Umwandlung der metastabilen Cu-Al-Mg-Phasen in die stabilen Gleichgewichtsphasen voraus, wobei sich eine Zwischenglühung nach einer Verformung von ca. 75 % zur Reduzierung der Versetzungsdichte als zweckmäßig erweist. Die beste Umformbarkeit und günstige Mikrodrahteigenschaften werden durch eine kombinierte Ausscheidungs- und Zwischenwärmebehandlung erreicht /75/.

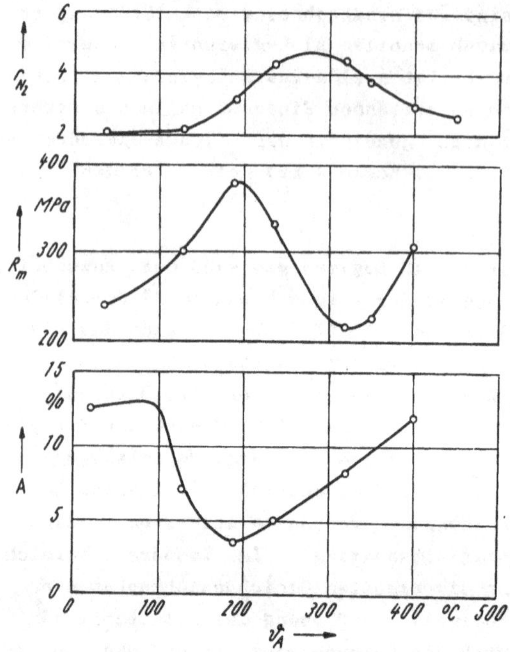

Abb. 6. **Ausscheidungsverhalten** von AlCu4Mg0.5, **aus /75/**

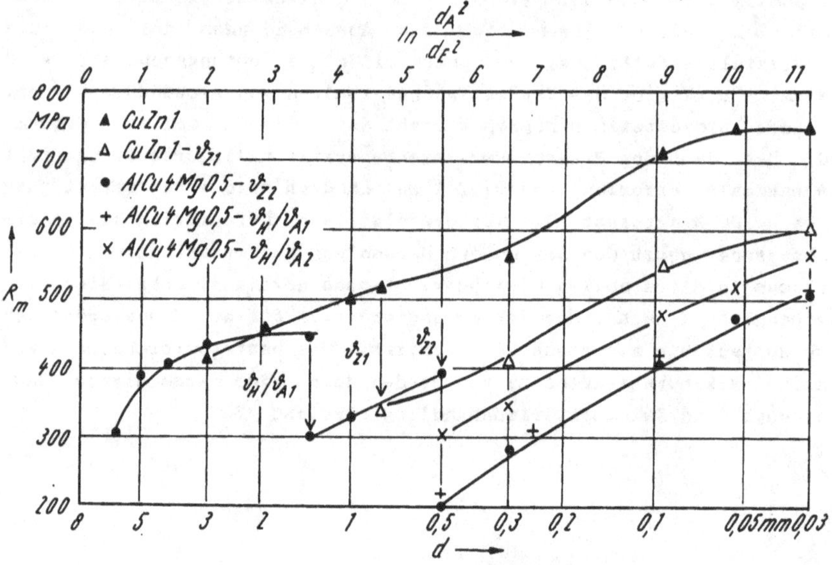

Abb. 7. Verfestigungsverhalten von Al- und Cu-Werkstoffen, aus /75/

Zur Erzielung der geforderten Bondbarkeit ist die Festigkeit des ziehharten Drahtes abzubauen und seine Plastizität zu erhöhen. Das Entfestigungsverhalten ist für AlCu4MgO.5-Mikrodraht (Durchmesser 30 µm) in Abb. 8 dargestellt. In Abhängigkeit von der Vorbehandlung des Werkstoffes ist es möglich, mechanische Festigkeiten und Dehnungen zu erzielen, die mit denen für Au-Mikrodraht vergleichbar sind (s. Tab. 2).

Tab. 2. Mechanische und elektrische Eigenschaften von Bonddrähten für das Kugel-Keil-Bonden (d = 30 µm) /75/

Werkstoff	Reißlast F_B/mN	Zugfestigkeit R_M/MPa	Dehnung A/%	Spez. elektr. Wid. $\varrho/10^{-6}\,\Omega \cdot cm$
Au	120...160	170...226	6...13	2.20
AlCu4MgO.5	160...175	226...248	4....7	3.20
AlCu4ZrO.1	150...160	212...226	4....9	3.20
Cu5N	170...180	241...255	10...12	1.70
Cu4N	160...200	226...283	10...12	1.75
CuNi1	180...200	255...283	8...11	3.20
CuZn1	150...180	212...255	9...12	2.05

Die thermische Stabilität des Drahtes wirkt sich auf die Brückenbildung entscheidend aus. Über die Aushärtbarkeit der AlCu4X-Legierungen ist es möglich, im kritischen Kugelhalsbereich eine zusätzliche Verfestigung zu erreichen, so daß die Gefahr des Abknickens des Drahtes vermindert wird. Die Ausbildung der Drahtbrücke erreicht die Qualität der Goldmikrodraht-Standardtechnologie.

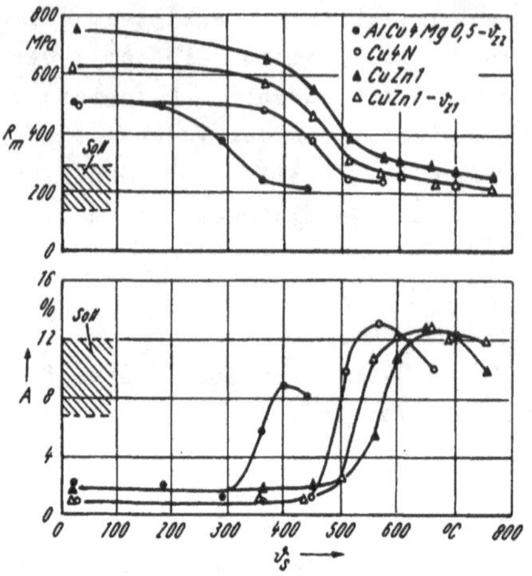

Abb. 8. Entfestigungsverhalten von Mikrodrähten aus Al- und Cu-Werkstoffen, aus /75/

Die Wechselwirkung von Sauerstoff mit Aluminium ist ein klassisches Beispiel für die Bildung einer schützenden Oxidschicht auf Metalloberflächen. Die praktische Erfahrung besagt, daß Al eine gute Korrosionsresistenz aufweist - eine Tatsache von großer technologischer Bedeutung. Wird eine frische Al-Oberfläche der Luft ausgesetzt, so bildet sich schnell eine extrem dünne (einige Atomlagen), amorphe Oxidschicht (Al_2O_3), die eine weitere Oxidation behindert. Von FÖRSTER u. a. durchgeführte aktivierungsanalytische Schichtdickenbestimmungen /95-97/ gestatten die Messung dünner Oxidschichten auf Al im nm-Bereich, unabhängig von der Rauhigkeit der Oberfläche.

Die Wachstumsgeschwindigkeit der amorphen Oxidschicht an Luft steigt mit der Temperatur an und ist feuchteabhängig. Bei höheren Temperaturen wird eine Kristallisation der Oxidschicht beobachtet. Die aktivierungsanalytische Schichtdickenbestimmung nach FÖRSTER /95,96/ ist auch anwendbar, wenn es infolge der Wärmebehandlung nicht nur zu einer Verstärkung der amorphen Oxidschicht kommt, sondern zusätzlich eine kristalline γ-Al_2O_3-Schicht erzeugt wird.

In natürlichen Umgebungen ist die auf dem Al gebildete Oberflächenschicht i. a. korrosionsresistent - mit Ausnahme lokaler Korrosionserscheinungen (Lochfraßkorrosion, intergranulare Korrosion, Spannungsrißkorrosion). "Gute Korrosionsresistenz" bedeutet also, daß sich für Al-Werkstoffe die Dicke der spröd-harten, vor Umwelteinflüssen schützenden Oxidschicht mit zunehmender Lagerzeit nicht wesentlich ändert und demzufolge eine Lagerung ohne zusätzlichen Oberflächenschutz erfolgen kann.

Sowohl für die ersten Stadien des Oxidationsprozesses - die Chemisorption auf reinen Al-Oberflächen - als auch für den Fall des Eindringens von Sauerstoffatomen in die Al-Oberflächenschichten - Oxidbildung - wurde das O-Al-System in vielen Arbeiten experimentell durch Beugung niederenergetischer Elektronen (LEED) und Messung der kantenfernen Feinstruktur in Elektronenausbeutespektren (SEXAFS) untersucht und z. T. mit theoretischen Modellrechnungen, die wegen des einfachen s-p-Charakters der O-Al-Bindung möglich sind, verglichen /98,99/.

Mittels LEED- und SEXAFS-Untersuchungen wurden strukturelle Informationen über O-Al-Oberflächenkomplexe erhalten, die mit fortschreitender Sauerstoffeinwirkung auf reinen Al(111)-Oberflächen gebildet werden.

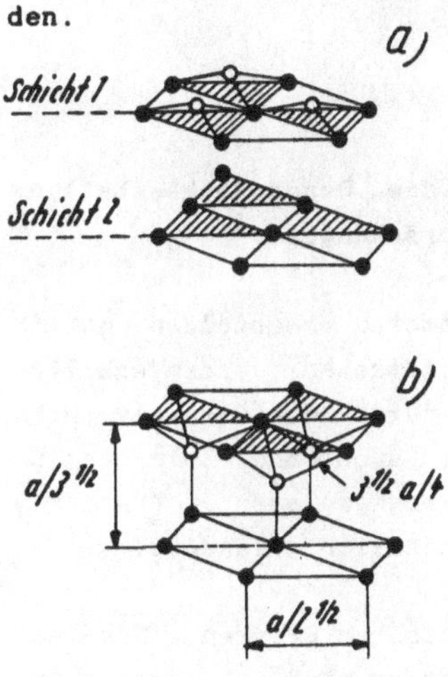

Abb. 9. O-Al-Wechselwirkung: a) Modell für chemisorbierten O auf Al(111), b) Modell für oxidähnliche Phase auf Al(111), Bedeckung in beiden Fällen 0.5...1.0 Monolagen (● Al, ○ O), aus /99/

Für die Chemisorption von Sauerstoff auf Al(111)-Oberflächen (geringe Sauerstoffbelegung, ≤ 100 L) wurde eine geordnete (1x1)-Konfiguration nachgewiesen (s. Abb. 9a). Aus den EXAFS-Oszillationen oberhalb der O-K-Absorptionskante folgt ein O-Al-Abstand von (1.76 ± 0.03) Å /99/; der interplanare O-O-Abstand von (2.90 ± 0.05) Å entspricht dem Al-Al-Abstand in der Al(111)-Oberflächenebene (2.86 Å) /100/. Die Adsorbatatome (O) sind so lokalisiert, daß die kubisch-flächenzentrierte Struktur des Al fortgesetzt wird; jedoch ist der interplanare Abstand gegenüber dem Al-Kristall beträchtlich reduziert.

Für die Oxidphase wurde von NORMAN /99/ ein Strukturmodell aufgestellt, bei dem jedes O-Atom mit 4 Al-Atomen koordiniert ist und jedes Al-Atom in der Oberfläche mit 3 O-Atomen (s. Abb. 9b). Der ideale O-Al-Abstand für einen Tetraeder aus Al-Atomen mit einem O-Atom in der Mitte beträgt 1.75 Å, was dem experimentell ermittelten Wert von (1.75 ± 0.03) Å entspricht /99/. Das heißt, sowohl in der Anfangsphase des Absorptionsprozesses (Chemisorption) als auch im Oxid bilden die O-Atome bezüglich der reinen Al(111)-Oberfläche eine (1x1)-Konfiguration.

3.2.3.3. Cu-Mikrodraht

Der Werkstoff Kupfer unterliegt bei den für die Bonddrahtherstellung erforderlichen Mengen kaum ökonomischen Beschränkungen.

Die Cu-Werkstoffe werden im Vakuuminduktionsofen erschmolzen und im Kokillenguß hergestellt. Im Gegensatz zum kritischen Umformverhalten von AlCu4X-Legierungen ist bei reinem Cu durch die relativ hohe Plastizität eine relativ gute Verformbarkeit (auch ohne Zwischenglühung) gegeben, die sich durch spezielle Legierungselemente (Zn, Ni) und -konzentrationen (1 Masse-%) nicht grundsätzlich verändert.

Die Primärverformung erfolgt durch hydrostatisches Pressen. Die anschließende Kaltverformung durch Ziehen führt zu einer Verfestigung, die für reines Cu und CuZn1 bzw. CuNi1 die Herstellung von Mikrodrähten mit Enddurchmessern von 17.5...30 µm gestattet. Eine Zwischenglühung führt zu erneuter Rekristallisation und damit zu einem analogen Verfestigungsverlauf wie bei größeren Durchmessern, wenn nachfolgend verformt wird. Die Festigkeit des ziehharten Mikrodrahtes sinkt durch die Wärmebehandlung um 100...200 MPa (s. Abb. 7), die Ziehfestigkeit verändert sich nicht /7,75/.

Um die zur Bondbarkeit des Mikrodrahtes notwendigen mechanischen Eigenschaften zu erreichen, ist der kaltverformte Zustand durch eine Wärmebehandlung abzubauen. Das Entfestigungsverhalten ist für Cu4N- und CuZn1-Mikrodrähte (Durchmesser 30 µm) in Abb. 8 dargestellt. Ebenso wie bei den Al-Werkstoffen sind die angestrebten "goldanalogen" mechanischen Eigenschaften erzielbar.

Das Drahtgefüge ist rekristallisiert, die Korngrößen betragen ca. 1 µm. Die Drähte weisen eine <111>,<100>-Mischtextur auf.

Die im Vergleich zum Al um mehrere Größenordnungen höhere Oxidationsgeschwindigkeit des Cu erweist sich in der Praxis oft als problematisch. Die wesentliche Ursache für den großen partiellen Diffusionskoeffizienten D_{Cu} im Cu_2O - und damit für die große "Zunderkonstante" k_z - besteht in der hohen Konzentration von Cu-Ionen-Leerstellen und Defektelektronen (Cu^{2+}) im Cu-Oxid.

Eine Vielzahl experimenteller Ergebnisse zur Cu-Oxidation wurden von HAUFFE /101/ zusammengefaßt und diskutiert. Danach löst sich im Anfangsstadium der Sauerstoff überwiegend im Cu. Im Anschluß an die Cu_2O-Keimbildung erfolgt ein Kristallwachstum bis zur Ausbildung einer geschlossenen Cu_2O-Schicht.

Infolge "Elektronenmangel" an der Oberfläche dünner Anlaufschichten wird das Chemisorptionsgleichgewicht von Sauerstoff an der Oberfläche der Anlaufschicht nicht erreicht, so daß es nicht zu dem für die CuO-Bildung erforderlichen chemischen Potential des chemisorbierten Sauerstoffs kommen kann, obwohl der Sauerstoffdruck für die CuO-Bildung genügend hoch wäre. Erst bei dicken Deckschichten, die insbesondere nach Lagerung bei hohen Temperaturen auftreten, tritt infolge des größeren elektronischen Ladungstransports gegenüber der Ionen-"Interdiffusion" ein Chemisorptionsgleichgewicht mit einer hinreichend hohen Oberflächenkonzentration an chemisorbierten Sauerstoff-Ionen auf, die zur Bildung einer dünnen CuO-Schicht auf dem Cu_2O führt. Infolge der wesentlich größeren Diffusionsgeschwindigkeit der Cu-Ionen über Cu-Ionen-Leerstellen im Cu_2O wird die sich langsam bildende CuO-Schicht bis auf eine sehr kleine stationäre Schichtdicke laufend "aufgezehrt".

Für die Schichtenfolge $Cu/Cu_2O/CuO/O_2$ ist also - ebenso wie bei der Cu_2O-Bildung - die durch den chemischen Potentialgradienten im Cu_2O verursachte "Interdiffusion" der geschwindigkeitsbestimmende Teilvorgang der Cu-Oxidation.

Von ANDERMANN /102/ wurde die Röntgenfluoreszenzanalyse zur in situ Untersuchung von Oberflächen und dünnen Schichten geeignet modifiziert und zum Verfolgen der Cu-Oxidation angewendet. Damit konnte die zeitlich versetzte Bildung von Cu_2O und CuO durch ein in situ Experiment bestätigt werden.

Für Temperaturen unterhalb 600 °C hat die Cu-Oxid-Schicht eine geringe Duktilität und Haftfestigkeit und neigt infolge hoher mechanischer Spannungen zum Aufreißen und Abplatzen /103/.

Ebenso wie im Falle der Al-Oxidation wurden zahlreiche Grundlagenuntersuchungen zur Sauerstoffeinwirkung auf reine, einkristalline Cu-Oberflächen durchgeführt, jedoch sind die strukturellen Informationen aus LEED- und SEXAFS-Experimenten für dieses scheinbar einfache System sehr widersprüchlich. Für die Chemisorption von Sauerstoff auf Cu(100)-Oberflächen bei Raumtemperatur wurde von DÖBLER u. a. /104/ mittels SEXAFS-Untersuchungen eine $c(2x2) = (\sqrt{2} \times \sqrt{2})R45°$-Struktur ermittelt. Dagegen registrierten MAYER u. a. /105/ stets LEED-Bilder mit $(\sqrt{2} \times 2\sqrt{2})R45°$-Symmetrie und schlossen die Existenz der einfachen c(2x2)-Struktur für O auf Cu(100)-Oberflächen aus. Daraus ergibt sich die Notwendigkeit weiterer Strukturuntersuchungen für O-Cu-Oberflächenkomplexe in Abhängigkeit von der Temperatur und der Oberflächenbelegung /106/.

Die Verhinderung der atmosphärischen Korrosion des Cu /107,108/ ist bisher wesentlich weniger untersucht worden als die Cu-Korrosion in flüssigen Medien (z. B. in Kühlkreisläufen). Als Inhibitoren für den Korrosionsschutz von Cu sind organische Stickstoffverbindungen geeignet, da sie als Lewis-Basen (Elektronendonatoren) mit Cu als Lewis-Säure (Elektronenakzeptor) reagieren können. Zu den bevorzugten Substanzen zählen Benztriazol und Benztriazolderivate (z. B. 4-Hydroxybenztriazol) /109-116/, die sowohl in Lösung für eine Inhibition durch Tauchen als auch als Dampfphaseninhibitor bei Korrosionsschutzpapieren verwendet werden. Weiterhin wird in der Literatur der Einsatz von Imidazol /113/ und Benzimidazol /114,115,117/ sowie von Aminoketonen (flüchtige Inhibitoren) /118/ beschrieben.

Die schützende Funktion der Oberflächenschicht ist von mehreren Faktoren abhängig /116/:

- Wechselwirkung zwischen Inhibitor und Substrat
- Einbau des Inhibitors in die Oberflächenschicht
- Konzentration des Inhibitors
- Temperatur
- Eigenschaften der korrodierenden Oberfläche.

Das Verständnis der komplexen Mechanismen der Korrosionsinhibition, d. h. der Bildung 2- und 3-dimensionaler Schutzschichten auf der Metalloberfläche, erfordert den kombinierten Einsatz moderner Oberflächenanalysenmethoden. Auf dieser Basis konnte gefolgert werden, daß die Korrosionsinhibition von Cu mittels Benztriazol (BTA) mit der anfänglichen Adsorption von BTA auf dem Cu-Oxid (s. Abb. 10) und mit der Bildung bzw. Ausscheidung von Cu(I)-BTA-Komplexen auf der Oberfläche verbunden ist.

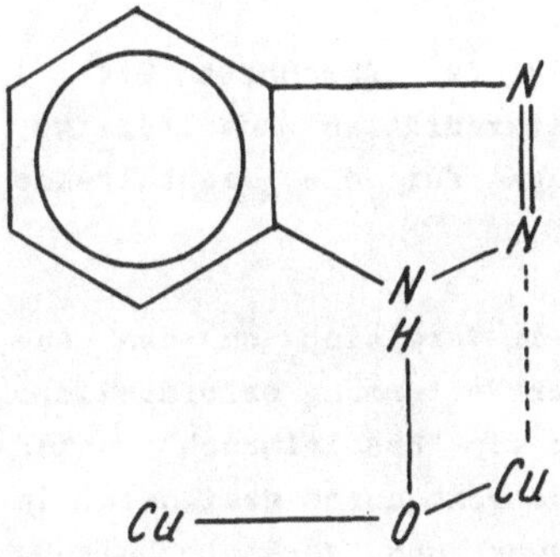

Abb. 10. Adsorption von Benztriazol auf Cu-Oxid

Die Aussagen zur Umwandlung (Oxidation) des Cu(I)-BTA-Komplexes in den Cu(II)-BTA-Komplex infolge Lufteinwirkung sowie zu Struktur und Zusammensetzung des Cu(II)-BTA-Komplexes sind sehr widersprüchlich /115/.

Eine verbesserte Inhibitionswirkung gegenüber Benztriazol ist nach /116/ mit 4-Hydroxybenztriazol (4-OH-BTA), einem Benztriazolderivat, möglich.

Strukturuntersuchungen von Cu-BTA- bzw. Cu-OH-BTA-Komplexen stellen eine wichtige Frage für die weiterführende Grundlagenforschung dar, mit dem Ziel, die bei der Korrosionsinhibition ablaufenden Mechanismen zu erklären. Die Kombination mehrerer Methoden - wie bei der Untersuchung der Adsorption von Formaten (HCOO) auf Cu(110)- und Cu(100)-Oberflächen (winkelaufgelöste UV-Photoelektronenspektroskopie /119/, IR-Spektroskopie /120/, SEXAFS-Spektroskopie /121-124/, quantenmechanische Rechnungen /125/) - sollte von vornherein konzipiert werden.

Untersuchungen an Cu-Mikrodrähten haben gezeigt, daß eine Korrosionsinhibition mit Benztriazol, Imidazol oder Benzimidazol (Tauchinhibition im Durchlaufverfahren bzw. Verpackung in Korrosionsschutzpapier oder Kombination dieser beiden Varianten) zu einer Verschlechterung der Bondbarkeit führt /9/. Die Ursache dafür besteht offensichtlich darin, daß der positiven Inhibitionswirkung ein negativer Einfluß der Cu-Inhibitor-Komplexe auf die Verbindungsbildung entgegenwirkt. Deshalb sollte bis zur Verarbeitung des Cu-Mikrodrahtes in der mikroelektronischen Industrie eine Lagerung unter Sonderbedingungen (vakuumverpackt oder in Schutzgas-Atmosphäre) erfolgen.

Bei Modifizierung der Kugelanschmelztechnik (s. Abschnitt 2.4.3.) lassen sich an derartig gelagerten Cu-Mikrodrähten kugelförmige, weitestgehend oxidfreie Bondkugeln mit einem für die nachfolgende Verformung günstigen Gefüge herstellen /29/.

Die höhere Festigkeit der Cu-Mikrodrähte im Vergleich zu den Au-Mikrodrähten (s. Tab. 2) und die deshalb zur Verformung erforderliche höhere Energie bringt die wachsende Gefahr von "Muschelbruch" unter der Bondinsel mit sich /9/. Diese Ausfallmode kann durch geeignete, in Abschnitt 2.4.3. diskutierte, technologische und gerätetechnische Modifizierungen ausgeschaltet werden.

Mikrodrähte der Durchmesser 25 bzw. 30 µm aus Cu-Werkstoffen (Cu5N, Cu4N, CuNi1, CuZn1) mit den in Tab. 2 angegebenen Eigenschaften sind prinzipiell als Goldmikrodrahtsubstitute geeignet und nach Modifizierung der Kugelanschmelztechnik und Optimierung der Bondparameter für das Kugel-Keil-Bonden einsetzbar /75/. Diese Cu-Mikrodrähte weisen eine hohe thermische Beständigkeit (F_B = const bis ϑ = 350 °C/20 s) auf und ermöglichen so eine zuverlässige Kontaktierung der Bauelemente. Die hergestellten Bondverbindungen besitzen eine ausgezeichnete

Haftfestigkeit. Die Abreißkräfte der Bondbrücken liegen, in Abhängigkeit von den mechanischen Kennwerten des Drahtes, bei etwa 0.15...0.18 N und damit wesentlich höher als bei Verwendung von Au-Mikrodraht /6/.

Sowohl mit der Anschmelztechnik nach KÖHLER /29/ als auch mit der Standardanschmelztechnik des vollautomatischen Drahtbonders VADB-10 werden gegenüber Au-Mikrodraht gleichen Durchmessers verbesserte Brückenformen erzielt. Die Erhöhung der Brückenstabilität (insbesondere im Kugelhalsbereich), die aus dem wesentlich höheren Elastizitätsmodul für Cu gegenüber Au (s. Tab. 2) resultiert, ermöglicht die Herstellung von Drahtbrücken mit größerer Bogenlänge.

3.3. Chipmetallisierung

Für integrierte Schaltkreise sind als chipseitige Metallisierung für Leitbahnen und Bondinseln nahezu ausschließlich durch Vakuumbeschichten erzeugte Schichten aus Al-Werkstoffen auf einkristallinem Si üblich (Schichtdicken von 0.7...1.5 µm). Vorteile des Al sind die leichte Abscheidbarkeit, gute Strukturierbarkeit und Bondbarkeit, hohe elektrische Leitfähigkeit, allgemeine Verfügbarkeit und niedrige Kosten. Nachteilig sind die Interdiffusion in der Werkstoffpaarung Al/Si und die mögliche Bildung von Al-Spikes. Diese Al-Spikes können zu Kurzschlüssen mit dem Substrat führen (wenn sie durch implantierte Bereiche hindurchwachsen). Für die Unterdrückung dieser Spikes gibt es mehrere Möglichkeiten. Verbreitet ist die Anwendung von AlSi1...4-Legierungen. Nachteilig sind die Erhöhung des spezifischen elektrischen Widerstandes um 0.7 µΩcm pro Masse-% Si sowie die Verschlechterung der Bondbarkeit.

Bisher haben als Leitbahnmaterial vor allem reines Al sowie AlSi1...4-, AlCu1...4- und AlCu1...4Si1...4-Legierungen Anwendung gefunden. Letztere sind vor allem bei Einsatz von AlCu4X-Legierungsdrähten (wegen der höheren Härte, die für den Abrieb des Al-Oxids von der Kugel günstig ist) sowie von Mikrodrähten aus Cu-Werkstoffen (wegen der in der Regel schlechter verformbaren Bondkugel) anzustreben.

Zahlreiche Zuverlässigkeitsuntersuchungen wurden zur Elektromigration in Al-Leitbahnen sowie zur Al-Korrosion infolge Cl^--Kontamination bei plastverkappten integrierten Schaltkreisen durchgeführt /126-128/.

Zur Erhöhung des Elektromigrationswiderstandes in Leitbahnen werden dem reinen Al i. a. Legierungszusätze (Cu, Si sowie Cu und Si) in geringen Konzentrationen (einige Masse-%) zugegeben. Nachteilig sind die Erhöhung des spezifischen elektrischen Widerstandes ihfolge Legierungsbildung (für AlSi-Legierungen s. oben, für AlCu-Legierungen 0.3 $\mu\Omega$cm pro Masse-% Cu) und die Inkompatibilität der AlCu-Legierungen mit dem Plasmaätzverfahren. Des weiteren ist die Elektromigration von der Geometrie und dem Gefüge (Korngröße, Textur usw.) der Leitbahn abhängig. Diese Einflußgrößen werden im Zusammenhang mit ihrer Wirkung auf die Kontaktdegradation in Abschnitt 6.1. diskutiert.

An Leitbahnen integrierter Schaltkreise aus Al-Werkstoffen (reines oder niedriglegiertes Al), die in natürlicher Umgebung i. a. korrosionsresistent sind (s. Abschnitt 3.2.3.2.), können "aggressive" Ionen (z. B. im Verkappungsmaterial enthaltene Cl^--Ionen) zur Zerstörung der schützenden Oxidschicht auf dem Al führen. Die Adsorption von Cl^--Ionen auf der wasserhaltigen Oxidoberfläche führt - beeinflußt durch ein elektrisches Feld - zur Bildung eines löslichen Aluminium-Hydroxychlorid-Salzes gemäß folgender Reaktion /129-134/:

$$Al(OH)_3 + Cl^- \longrightarrow Al(OH)_2Cl + OH^-.$$

Durch diese Umwandlung wird die Passivierungswirkung der Oberflächenschicht lokal zerstört und das darunterliegende Al kann mit den Cl^--Ionen reagieren:

$$Al + 4\,Cl^- \longrightarrow (AlCl_4)^- + 3\,e^-.$$

Durch die Reaktion der $(AlCl_4)^-$-Ionen mit H_2O gemäß

$$(AlCl_4)^- + 3\,H_2O \longrightarrow Al(OH)_3 + 3\,H^+ + 4\,Cl^-$$

werden die Cl^--Ionen regeneriert und der Korrosionsprozeß kann erneut ablaufen. Infolge dieses "recycling" kann ein kleiner Cl^--Anteil eine merkliche Korrosion bewirken.

Das Initiieren des Korrosionsprozesses ist von der Cl^--Konzentration, der Dicke der Al_2O_3-Schicht, von Verunreinigungen und von der Temperatur abhängig. Mechanische Spannungen im Al begünstigen den Prozeß (Spannungsrißkorrosion) /135/.

In den letzten Jahren konnten durch den Einsatz von Verkappungsmaterialien (Epoxydharz) mit geringem Cl^--Anteil (ca. 10 ppm Cl) sowie durch wirksame Passivierung der Al-Leitbahnen Fortschritte bei der Reduzierung der Al-Korrosion erreicht werden /134/.

Lage und Abmessungen der chipseitigen Drahtbondflächen (Bondinseln) ergeben sich aus der Chiptopologie (layout), wobei mit fortschreitendem "scaling down" eine Verringerung dieser Abmessungen auftritt. Das erfordert eine Durchmesserreduzierung der Bonddrähte.

3.4. Trägerstreifenmetallisierung

Die Werkstoffauswahl für trägerstreifenseitige Drahtbondflächen muß die Chipbondtechnologie einschließlich der dabei auftretenden Wärme- und sonstigen Belastungen sowie die Drahtbondbarkeit mit dem jeweiligen Bonddraht und Drahtbondverfahren berücksichtigen. Für das Kugel-Keil-Bonden integrierter Schaltkreise im Plastgehäuse haben galvanisch Au- und Ag-beschichtete FeNi- und FeNiCo-Trägerstreifen und galvanisch beschichtete Trägerstreifen aus Cu-Legierungen Bedeutung erlangt. Dickschichtmetallisierungen mit Au-, Ag-, Pd-, Pt- und Cu-haltigen Siebdruckpasten sind vorrangig der Hybridtechnik vorbehalten und werden hier nicht näher betrachtet.

3.5. Potentielle Werkstoffkombinationen und metallkundliche Systematisierung der Kontaktsysteme

Im Ergebnis des Drahtbondens entstehen zwischen Bonddraht und chip- bzw. trägerstreifenseitiger Metallisierung metallische Kontaktsysteme. Ihr Verhalten bei Belastung bestimmt entscheidend die Zuverlässigkeit der Bondkontakte.

Werkstoffkombinationen, die für das Kugel-Keil-Bonden zum Kontaktieren integrierter Schaltkreise praktische Bedeutung haben bzw. bei Substitution von Au-Mikrodraht durch Unedelmetallmikrodrähte erlangen können, sind in Tab. 3 aufgelistet.

Tab. 3. Wichtige beim Kugel-Keil-Drahtbonden auftretende metallische Kontaktsysteme

Bonddraht-werkstoff	Chipseitige Metallisierung	Trägerstreifenseitige Metallisierung	
	Al-Legierungen	Au	Ag
Au	Au/Al	Au/Au	Au/Ag
Cu/Cu-Leg.	Cu/Al	Cu/Au	Cu/Ag
Al-Leg.	Al/Al	Al/Au	Al/Ag

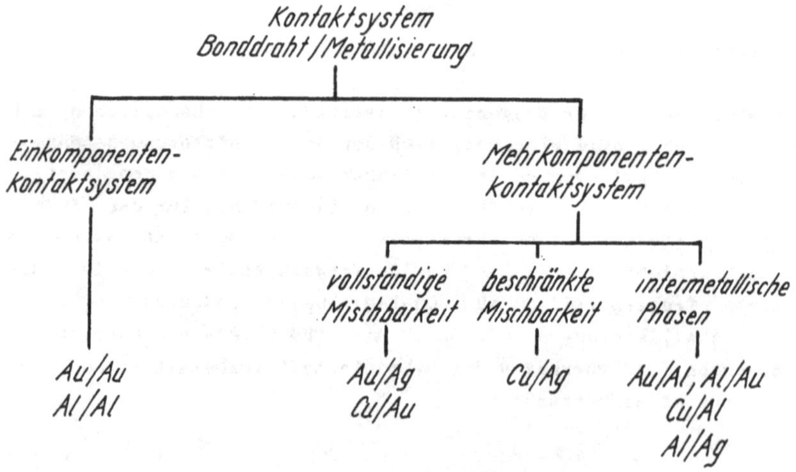

Abb. 11. Metallkundliche Systematisierung von Kontaktsystemen

Werkstoffkombinationen mit durchgehend monometallischen Kontaktsystemen (Einkomponentenkontaktsysteme) wären aus metallphysikalischer Sicht auf Grund ihrer hohen potentiellen Zuverlässigkeit anzustreben, soweit sie mit ökonomischen und technologischen Forderungen in Einklang gebracht werden können (z. B. Al-Chipmetallisierung/Al-Bonddraht/Al-Trägerstreifenmetallisierung). Dies ist z. T. bei Bauelementen im Keramikgehäuse der Fall. Beim Kontaktieren integrierter Schaltkreise im Plastgehäuse sind monometallische Kontaktsysteme i. a. maximal an einem der beiden Drahtkontakte (chip- oder trägerstreifenseitig) anzutreffen, während ansonsten heterometallische Kontaktsysteme (Mehrkomponentenkontaktsysteme) auftreten. Eine Systematisierung der in Tab. 3 aufgeführten Kontaktsysteme wird aus metallphysikalischer Sicht in Abb. 11 vorgenommen.

Bei monometallischen Kontaktsystemen treten in der Verbindungszone keine metallphysikalischen Prozesse auf, die zur Degradation des Bondkontaktes führen können. Weiterhin ist die Degradation in heterometallischen Kontaktsystemen vor allem davon abhängig, ob vollständige oder beschränkte Mischbarkeit der Komponenten vorliegen bzw. ob intermetallische Phasen auftreten. Die Betrachtung von Degradations- und Ausfallmechanismen in Mehrkomponentenkontaktsystemen, die auf atomaren Transportprozessen und Effekten basieren, ist vor allem für Systeme erforderlich, bei denen intermetallische Phasen gebildet werden. Jedoch besteht meist nur ein indirekter Zusammenhang zwischen der Bildung intermetallischer Phasen und der Kontaktdegradation (s. Kap. 6).

4. INTERDIFFUSION IN METALLISCHEN MEHRKOMPONENTENKONTAKTSYSTEMEN

4.1. Allgemeines

Nach der Herstellung elektrisch leitender Verbindungen zwischen Chip und Trägerstreifen, wie sie in Kap. 2 beschrieben worden ist, können die für die integrierten Schaltkreise typischen Einsatzbedingungen zum Massetransport und zu Festkörperreaktionen führen. Damit sind vor allem an Bondkontakten mit Mehrkomponentenkontaktsystemen (s. Abschnitt 3.5.) Degradationen verbunden, die zu Totalausfällen führen können. In /136/ werden Möglichkeiten der Beherrschung der Degradation in Mehrkomponentenkontaktsystemen durch Verwendung von Barriereschichten (Diffusions- und Reaktionsbarrieren) aufgezeigt.

Der Einsatz derartiger Schichten an Bondkontakten ist vor allem eine technologische und somit ökonomische Frage und wird auch in Zukunft auf Bauelemente mit höchsten thermischen und elektrischen Belastungsanforderungen beschränkt bleiben. Derartige Bauelemente werden i. a. nicht mittels Drahtbonden (Preßschweißen) kontaktiert.

Degradationserscheinungen in Bondkontakten entstehen primär durch atomare Transportprozesse, wobei die Elementarprozesse Platzwechselvorgänge sind. Neben diesem praktischen Grund sind diese atomaren Mechanismen selbst von Interesse: Sie geben Aufschluß über die Eigenschaften von Gitterbaufehlern, insbesondere von Leerstellen, ohne die im dichtest gepackten Metall i. a. keine atomaren Platzwechselvorgänge möglich wären.

4.2. Beschreibung des Masseflusses und der Flußdivergenz, Ficksche Gesetze

Zur Beschreibung der Interdiffusion (eindimensionaler Fall) soll eine Werkstoffpaarung entsprechend Abb. 12 dienen, bei der zwei Ausgangsmaterialien (Komponenten A und B) miteinander verschweißt werden. Dieses Schema stellt ein Modell für die in Bondkontakten vorhandenen Mehrkomponentenkontaktsysteme (s. Abschnitt 3.5.) dar, wobei eventuell beim Preßschweißen tribochemisch erzeugte Verbindungen mit einer lateralen Ausdehnung von einigen Atomlagen (s. Abschnitt 2.4.4.2.) nicht berücksichtigt werden.

Der durch Interdiffusion hervorgerufene Massefluß in der Werkstoffpaarung AB wird durch die Teilchenstromdichte der Komponente B entsprechend

$$j_B(n_B, x) = -\tilde{D}_B(n_B, x) \cdot \frac{\partial}{\partial x} n_B(x) \qquad (1)$$

beschrieben (1. Ficksches Gesetz). $\tilde{D}_B$ ist der von der lokalen Zusammensetzung der Legierung, d. h. von der Atomdichte n_B der Komponente B (Zahl der B-Atome je Volumeneinheit) und damit vom Ort x abhängige Diffusionskoeffizient der Komponente B (partieller Diffusionskoeffizient). Die x-Koordinate wird von der Schweißebene aus gemessen (s. Abschnitt 4.4.). Unter der Konzentration c_B wird das Verhältnis der Atomdichte n_B der Atomsorte B zur Gesamtatomdichte $n = \sum_i n_i$ (im speziellen Fall ist $i = \{A, B\}$) verstanden.

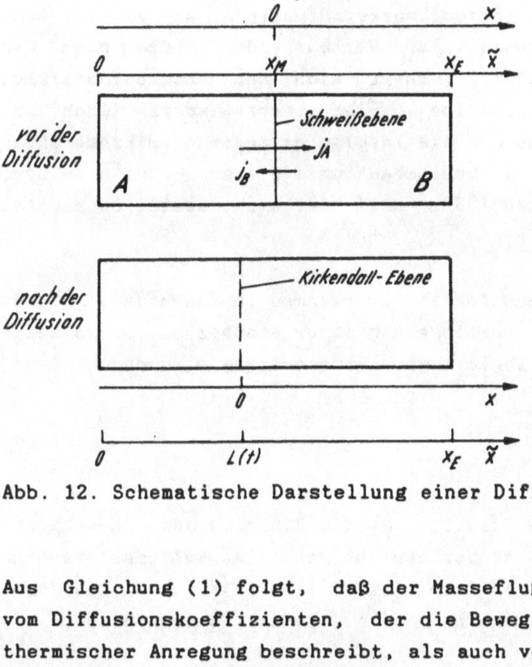

Abb. 12. Schematische Darstellung einer Diffusionspaarung AB

Aus Gleichung (1) folgt, daß der Massefluß bei Interdiffusion sowohl vom Diffusionskoeffizienten, der die Beweglichkeit der Atome infolge thermischer Anregung beschreibt, als auch vom Konzentrationsgradienten (allgemeiner vom Gradienten des chemischen Potentials, s. Abschnitt 4.5.) abhängt. Das heißt, im Falle der Interdiffusion entsteht infolge der (makroskopisch statistischen) Diffusionsbewegung eine gerichtete Driftbewegung (Transport) in Richtung des chemischen Potentialgradienten. Deshalb müßte man anstelle des allgemein üblichen Begriffs "Interdiffusion" eigentlich "Chemotransport" oder "Chemomigration" schreiben /137/.

In mittels Preßschweißen hergestellten realen Bondkontakten wird die Beweglichkeit der Atome stark durch die Dichte und Verteilung von Defekten in der Verbindungszone beeinflußt. Lokale Spannungsfelder, die beim Herstellen der Preßschweißverbindung entstehen (s. Kap. 2), bewirken treibende Kräfte und können den Massefluß beschleunigen. Dasselbe gilt für elektische Potentialgradienten und Temperaturgradienten (sogenannte "äußere" Gradienten), die beim Einsatz des integrierten Schaltkreises auftreten können und einen mit Elektro- bzw. Thermomigration bezeichneten Massefluß zur Folge haben /9/.

Durch Interdiffusion - und ebenso durch chemische Grenzflächenreaktionen - reduziert sich der in der Werkstoffpaarung AB existierende Gradient des chemischen Potentials. Der Zustand, in dem sich das betrachtete System befindet, nähert sich dem thermodynamischen Gleichgewicht. Die Reduzierung des lokalen Massetransports durch den Einsatz von Zwischenschichten, die infolge veränderter Mikrostruktur bzw. durch einen veränderten chemischen Zustand als Diffusions- bzw. Reaktionsbarriere dienen /136,138/, soll hier nicht weiter betrachtet werden.

Degradationen entstehen durch lokale Divergenzen im Massefluß, d. h. durch eine lokale An- oder Abreicherung einer Atomsorte. Diese zeitliche Änderung der lokalen Legierungszusammensetzung wird durch

$$\frac{\partial n_B}{\partial t} = -\frac{\partial}{\partial x} j_B(n_B, x) \qquad (2)$$

beschrieben (2. Ficksches Gesetz). Um die Änderung der Massebilanz durch chemische Reaktionen zu berücksichtigen, ist auf der rechten Seite von Gleichung (2) der Term $[n_B(x) - n_B^0(x)]/\tau_B$ hinzuzufügen (n_B^0...Atomdichte zum Zeitpunkt t = 0, τ_B...Reaktionskonstante).

Die Lösungen der Fickschen Gleichungen (1) und (2) liefern - unter den gegebenen Rand- und Anfangsbedingungen - die Zeit- und Ortsabhängigkeit der Atomdichte $n_B(x,t)$ /139/.

4.3. Temperaturabhängigkeit des Diffusionskoeffizienten für Leerstellenmechanismen, Aktivierungsenergie

Im Festkörper (korngrenzen- und versetzungsfreies Kristallgitter) ist ein Platzwechsel eines Atoms i. a. nur möglich, wenn ein Nachbarplatz leer ist. Der Leerstellenmechanismus ist nach HAASEN /140/ der vorherrschende Mechanismus der Diffusion von Gitteratomen in dichtest gepackten Metallen (z. B. Al, Ni, Cu, Pd, Ag, Pt, Au).

Aus der Theorie der Brownschen Molekularbewegung läßt sich ein Zusammenhang zwischen dem Diffusionskoeffizienten (im speziellen des in Abschnitt 4.2. eingeführten partiellen Diffusionskoeffizienten der Komponente B), der mittleren Sprunglänge der B-Atome (für Leerstellenmechanismen ist das der Abstand B-Atom - Leerstelle a) und der Sprungwahrscheinlichkeit je Zeiteinheit Γ_B aufstellen. Bei eindimensionaler Betrachtung ergibt sich /140/

$$\tilde{D}_B = \frac{1}{2} \cdot a^2 \cdot \Gamma_B , \tag{3}$$

wobei man für die Sprungwahrscheinlichkeit (Wahrscheinlichkeit für einen atomaren Platzwechselvorgang) je Zeiteinheit

$$\Gamma_B = c_L \cdot \nu_L \tag{4}$$

mit

c_L...Wahrscheinlichkeit für das Auftreten eines leeren Gitterplatzes

ν_L...Sprungwahrscheinlichkeit des betrachteten Atoms in die Leerstelle (unter Berücksichtigung von Korrelationseffekten /140/)

erwartet.

Leerstellen sind schon im thermischen Gleichgewicht bei endlicher Temperatur vorhanden. Die Wahrscheinlichkeit für das Auftreten eines leeren Gitterplatzes (Leerstellenkonzentration) beträgt

$$c_L(T)=exp(\Delta G_{LB}/kT)\cdot exp(\Delta S_{LB}/k)\cdot exp(-\Delta H_{LB}/kT) \qquad (5)$$

mit

ΔG_{LB}...Freie Bildungsenthalpie einer Leerstelle
ΔH_{LB}...Bildungsenthalpie einer Leerstelle
ΔS_{LB}...Bildungsentropie einer Leerstelle
k......Boltzmann-Konstante
T......Temperatur.

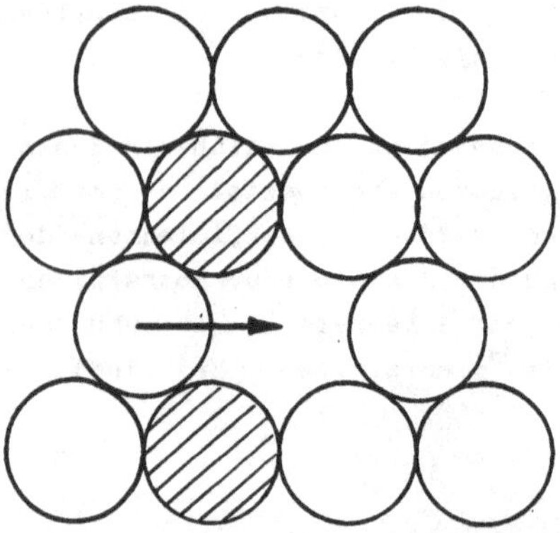

Abb. 13. Schematische Darstellung des Sprungs eines Atoms in eine benachbarte Leerstelle, bei dem die Nachbaratome (schraffiert) ausweichen müssen

Die thermischen Schwingungen des Atoms um seine Ruhelage (Frequenz ν_0) führen i. a. nicht bis auf den benachbarten, leeren Gitterplatz, da weitere Nachbarn dieses Atoms (in Abb. 13 schraffiert gezeichnet) den Durchgang behindern. Das springende Atom kann sich nur unter Aufwand einer Freien Verzerrungsenthalpie ΔG_{LW} Durchgang zu benachbarten Leerstellen verschaffen. ΔG_{LW} wird thermisch entsprechend einem Boltzmann-Faktor

$$\nu_L(T)=\nu_0\cdot exp(-\Delta G_{LW}/kT)=\nu_0\cdot exp(\Delta S_{LW}/k)\cdot exp(-\Delta H_{LW}/kT) \qquad (6)$$

mit

ΔG_{LW}...Freie Wanderungsenthalpie einer Leerstelle
ΔH_{LW}...Wanderungsenthalpie einer Leerstelle
ΔS_{LW}...Wanderungsentropie einer Leerstelle (folgt aus der Änderung der Gitterschwingungen beim Durchtritt)

aufgebracht.

Setzt man die Gleichungen (4) bis (6) in Gleichung (3) ein, so erhält man

$$\tilde{D}_B = \frac{1}{2} \cdot a^2 \cdot \nu_0 \cdot \exp\left(\frac{\Delta S_{LB} + \Delta S_{LW}}{k}\right) \cdot \exp\left(-\frac{\Delta H_{LB} + \Delta H_{LW}}{kT}\right). \tag{7}$$

Da der erste Exponentialfaktor in Gleichung (7) i. a. nicht stark veränderlich ist, kann man unter Einführung des Frequenzfaktors D_0 und der Aktivierungsenergie für Leerstellendiffusion Q mit

$$Q = \Delta H_{LB} + \Delta H_{LW} \tag{8}$$

Gleichung (7) folgendermaßen umformen:

$$\tilde{D}_B = D_0 \cdot \exp(-Q/kT). \tag{9}$$

Hier wird die Temperaturabhängigkeit von $\tilde{D}_B$ sichtbar. Abweichungen vom linearen Verlauf der Funktion $\ln\tilde{D}_B = \ln\tilde{D}_B(T^{-1})$ können durch gleichzeitige Wirkung mehrerer Elementarprozesse (z. B. Diffusion an Grenzflächen und Versetzungen, s. Abschnitt 4.7.) /141-143/ oder durch eine temperaturabhängige Aktivierungsenergie Q hervorgerufen werden.

Die die Diffusion kennzeichnende Aktivierungsenergie Q ist umso größer, je fester das Atom an seinen Gitterplatz gebunden ist, d. h. es besteht eine Korrelation zwischen der Aktivierungsenergie Q und der Schmelztemperatur T_S. Typische Werte für Leerstellenmechanismen sind $Q \approx 2$ eV für $\vartheta_S = 1083$ °C (Cu) /144/.

4.4. Interdiffusionskoeffizient, Darken-Gleichungen und Kirkendall-Effekt

Bei der Boltzmann-Matano-Analyse (s. /140/) wird das Problem der Ineinanderdiffusion der beiden (ineinander löslichen) Komponenten A und B der in Abb. 12 schematisch dargestellten Diffusionspaarung durch den sogenannten Interdiffusionskoeffizienten $\tilde{D}$ beschrieben. Dieser Interdiffusionskoeffizient ist eine gewichtete Summe der partiellen Diffusionskoeffizienten $\tilde{D}_A$ und $\tilde{D}_B$, wobei die Atomdichten n_A und n_B die Gewichtsfaktoren sind (s. unten).

Der Interdiffusionskoeffizient $\tilde{D}(n_B)$ gemäß

$$\tilde{D}(n_B) = -\frac{1}{2t}\left(\frac{d\tilde{x}}{dn_B}\right)_{n_B} \cdot \int_0^{n_B} (x_M - \tilde{x})\, dn_B \qquad (10)$$

bzw.

$$\tilde{D}(c_B) = -\frac{1}{2t}\left(\frac{d\tilde{x}}{dc_B}\right) \cdot \int_0^{c_B} (x_M - \tilde{x})\, dc_B \qquad (11)$$

(für n = const) kann graphisch ermittelt werden, indem man den Konzentrationsgradienten $dc_B/d\tilde{x}$ und das Flächenintegral zwischen der Konzentrationskurve und der "Matano-Ebene" ($\tilde{x} = x_M$) für ein spezielles c_B (in Abb. 14 für $c_B = 0.2$ dargestellt) bestimmt /145/. Die "Matano-Ebene" ist dadurch festgelegt, daß sich die Masseflüsse in beiden Richtungen kompensieren, d. h. die von Konzentrationskurve und "Matano-Ebene" eingeschlossenen Flächen sind auf beiden Seiten der Ebene gleich groß:

$$\left| \int_{c_B'}^{c_B(x_M)} (x_M - \tilde{x})\, dc_B \right| = \left| \int_{c_B(x_M)}^{c_B''} (x_M - \tilde{x})\, dc_B \right| \qquad (12)$$

mit

$c_B = c_B'$ für $\tilde{x} < x_M$ für $t = 0$
$c_B = c_B''$ für $\tilde{x} > x_M$
$c_B = c_B'$ für $\tilde{x} = 0$ für $t > 0$.
$c_B = c_B''$ für $\tilde{x} = x_E$

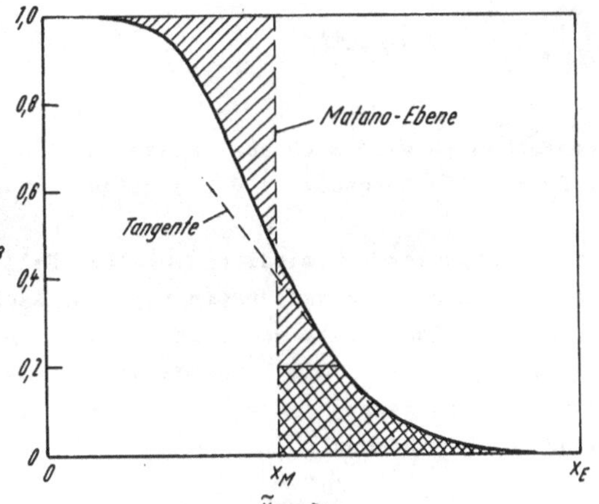

Abb. 14. Matano-Analyse zur Bestimmung des Interdiffusionskoeffizienten

Falls die partiellen Diffusionskoeffizienten $\tilde{D}_A$ und $\tilde{D}_B$ gleich groß sind, liegt die "Matano-Ebene" in der Schweißebene. Für $\tilde{D}_A \neq \tilde{D}_B$ bewegt sich die Schweißebene in Richtung der schneller interdiffundierenden Komponente (s. unten).

Für viele Zwecke ist es jedoch günstiger, das Integral in Gleichung (11) in Abhängigkeit von der $\tilde{x}$-Koordinate so anzugeben /146/, daß die Bestimmung der "Matano-Ebene" nicht erforderlich ist. Für ein beliebiges c_B kann der Interdiffusionskoeffizient $\tilde{D}(c_B)$ mittels

$$\tilde{D}(c_B) = \frac{1}{2t} \cdot \frac{d\tilde{x}}{dc_B} \cdot \left\{ \frac{c_B'' - c_B}{c_B'' - c_B'} \int_0^{\tilde{x}(c_B)} (c_B - c_B')\, d\tilde{x} + \frac{c_B - c_B'}{c_B'' - c_B'} \int_{\tilde{x}(c_B)}^{x_E} (c_B'' - c_B)\, d\tilde{x} \right\} \quad (13)$$

berechnet werden. Nach Substitution

$$Y \equiv \frac{c_B - c_B'}{c_B'' - c_B'} \quad (14)$$

erhält man

$$\tilde{D}(Y) = \frac{1}{2t} \cdot \frac{d\tilde{x}}{dY} \left\{ (1-Y) \int_{0}^{\tilde{x}(c_B)} Y \, d\tilde{x} + Y \int_{\tilde{x}(c_B)}^{\wedge E} (1-Y) \, d\tilde{x} \right\}. \qquad (15)$$

Die Nützlichkeit dieser Schreibweise wird sich vor allem bei der Betrachtung der Mehrphasendiffusion (s. Abschnitt 4.8.3.) zeigen.

Die Beschreibung des Interdiffusionsprozesses (eindimensionaler Fall) ist in zwei prinzipiell unterschiedlichen Bezugssystemen möglich: Nach DARKEN und GURRY /147/ werde die $\tilde{x}$-Koordinate vom linken Ende der Diffusionsprobe (s. Abb. 12) aus gemessen, die x-Koordinate von der Schweißebene aus. Dann ist die Teilchenstromdichte von B durch die Schweißebene in den beiden Koordinatensystemen

$$j_B(x=0,t) = -\tilde{D}_B \frac{\partial n_B}{\partial x}\bigg/_{x=0} = -\tilde{D}_B \frac{\partial n_B}{\partial x}\bigg/_{\tilde{x}=L(t)} \qquad (16)$$

bzw.

$$j_B(\tilde{x}=L,t) = -\tilde{D}_B \frac{\partial n_B}{\partial \tilde{x}}\bigg/_{\tilde{x}=L(t)} + v \cdot n_B \bigg/_{\tilde{x}=L(t)}. \qquad (17)$$

Der im $\tilde{x}$-System auftretende zusätzliche Transportterm charakterisiert die Geschwindigkeit v der Schweißebenenbewegung (an der Stelle $\tilde{x}$ = L(t)) in Bezug auf das Probenende. Analoge Gleichungen gelten für die Komponente A.

Die Kontinuitätsgleichung für die Gesamtatomdichte n lautet (ohne Änderung der Massebilanz durch chemische Reaktionen)

$$\begin{aligned} \frac{\partial n}{\partial t} &= \frac{\partial n_A}{\partial t} + \frac{\partial n_B}{\partial t} \\ &= -\left(\frac{\partial j_A}{\partial \tilde{x}} + \frac{\partial j_B}{\partial \tilde{x}}\right) \\ &= \frac{\partial}{\partial \tilde{x}}\left(\tilde{D}_A \frac{\partial n_A}{\partial \tilde{x}} + \tilde{D}_B \frac{\partial n_B}{\partial \tilde{x}} - n \cdot v\right). \end{aligned} \qquad (18)$$

Für n = const folgt daraus für die Geschwindigkeit der Schweißebenenbewegung

$$v = \frac{1}{n} \cdot \left(\tilde{D}_A \frac{\partial n_A}{\partial \tilde{x}} + \tilde{D}_B \frac{\partial n_B}{\partial \tilde{x}} \right). \tag{19}$$

Unter Berücksichtigung von

$$\frac{\partial n_A}{\partial \tilde{x}} = - \frac{\partial n_B}{\partial \tilde{x}} \tag{20}$$

sowie

$$c_B = \frac{n_B}{n} \tag{21}$$

läßt sich Gleichung (19) in

$$v = (\tilde{D}_A - \tilde{D}_B) \cdot \frac{\partial c_A}{\partial \tilde{x}} \tag{22}$$

umformen. Durch Einsetzen von Gleichung (22) in Gleichung (17) erhält man eine Gleichung von der Art des 2. Fickschen Gesetzes

$$\frac{\partial n_B}{\partial t} = \frac{\partial}{\partial \tilde{x}} \left(\frac{\tilde{D}_B n_A + \tilde{D}_A n_B}{n} \cdot \frac{\partial n_B}{\partial \tilde{x}} \right). \tag{23}$$

Diese Gleichung definiert den Interdiffusionskoeffizienten, den man aus der Matano-Auswertung erhält, zu

$$\tilde{D} = c_A \cdot \tilde{D}_B + c_B \cdot \tilde{D}_A . \tag{24}$$

Die Gleichungen (22) und (24) sind die Darkenschen Gleichungen, mit deren Hilfe man die partiellen Diffusionskoeffizienten $\tilde{D}_A$ und $\tilde{D}_B$ (nach experimenteller Bestimmung des Interdiffusionskoeffizienten $\tilde{D}$ und der Schweißebenen-Geschwindigkeit v) getrennt ermitteln kann.

Ausgehend von diesen Betrachtungen läßt sich der Kirkendall-Effekt recht anschaulich erklären: Gleichung (22) verdeutlicht, daß die Geschwindigkeit v der Schweißebenenbewegung dann von Null verschieden ist, wenn die beiden Komponenten der Diffusionspaarung mit unterschiedlichen Geschwindigkeiten diffundieren, d. h. $\tilde{D}_A(n_A,\tilde{x}) \neq \tilde{D}_B(n_B,\tilde{x})$ ist. Die unterschiedlichen partiellen Diffusionskoeffizienten $\tilde{D}_A$ und $\tilde{D}_B$ bewirken zwei entgegengesetzt gerichtete Teilchenströme unterschiedlicher Stärke und damit einen resultierenden Teilchentransport (Flußdivergenz) durch eine zeitlich unveränderliche Bezugsfläche in der Diffusionszone. Auf der Seite der schneller diffundierenden Komponente kommt es zu einer Erhöhung der Konzentration von Leerstellen sowie zur Bildung von Leerstellenagglomeraten und makroskopischen Poren (Kirkendall-Effekt). Auf der anderen Seite "quillt" das Material, es bilden sich "hillocks".

4.5. Thermodynamischer Faktor

Die Abwesenheit von Konzentrationsgradienten $\partial n_i(\tilde{x})/\partial\tilde{x}$ ($i = \{A,B\}$) ist keine allgemeingültige Gleichgewichtsbedingung in einer Legierung, d. h. für ein Verschwinden der Ströme $j_i(n_i,\tilde{x})$ im Sinne des 1. Fickschen Gesetzes (s. Gleichung (1)). Vielmehr ist die Konstanz der chemischen Potentiale $\mu_i(\tilde{x})$ im Gleichgewicht zu fordern. Also erwartet man, daß Gradienten in μ_i Ströme j_i hervorrufen.

Speziell für die in Abb. 12 schematisch dargestellte Diffusionspaarung, d. h. ein isothermes binäres System AB mit Leerstellen L (d. h. $\{i,j\} = \{A,B,L\}$) wird in der Thermodynamik irreversibler Prozesse angesetzt /139/:

$$\left.\begin{aligned} j_A &= -M_{AA}\frac{\partial\mu_A}{\partial\tilde{x}} - M_{AB}\frac{\partial\mu_B}{\partial\tilde{x}} - M_{AL}\frac{\partial\mu_L}{\partial\tilde{x}} \\ j_B &= -M_{BA}\frac{\partial\mu_A}{\partial\tilde{x}} - M_{BB}\frac{\partial\mu_B}{\partial\tilde{x}} - M_{BL}\frac{\partial\mu_L}{\partial\tilde{x}} \\ j_L &= -M_{LA}\frac{\partial\mu_A}{\partial\tilde{x}} - M_{LB}\frac{\partial\mu_B}{\partial\tilde{x}} - M_{LL}\frac{\partial\mu_L}{\partial\tilde{x}}. \end{aligned}\right\} \qquad (25)$$

Weiterhin muß außerhalb von Zonen, in denen Leerstellen erzeugt oder vernichtet werden,

$$j_A + j_B + j_L = 0 \tag{26}$$

gelten. Diese Bedingung muß für weite Wertebereiche der Einzelgradienten erfüllt sein. Das bedeutet, daß z. B. auch allein

$$M_{AA} + M_{BA} + M_{LA} = 0 \tag{27}$$

sein muß. Ferner gelten die Onsagerschen Reziprozitätsrelationen

$$M_{ij} = M_{ji}. \tag{28}$$

Damit reduziert sich das Gleichungssystem (25) zu

$$\left.\begin{aligned} j_A &= -M_{AA}\frac{\partial}{\partial \tilde{x}}(\mu_A - \mu_L) - M_{AB}\frac{\partial}{\partial \tilde{x}}(\mu_B - \mu_L) \\ j_B &= -M_{AB}\frac{\partial}{\partial \tilde{x}}(\mu_A - \mu_L) - M_{BB}\frac{\partial}{\partial \tilde{x}}(\mu_B - \mu_L). \end{aligned}\right\} \tag{29}$$

Unter der Bedingung, daß

- die Nichtdiagonalterme vernachlässigbar klein sind ($M_{ij} \ll M_{ii}$) und sich
- die Leerstellen überall im Gleichgewicht befinden ($\partial\mu_L/\partial\tilde{x} = 0$),

ergibt sich

$$j_B = -M_{BB}\frac{\partial \mu_B}{\partial \tilde{x}}. \tag{30}$$

Für eine Legierung unendlicher Verdünnung von B in A (ideale Lösung) ist das chemische Potential der B-Komponente durch

$$\mu_B = \mu_B^0 + kT \ln c_B \tag{31}$$

gegeben (μ_B^0 hängt nicht von c_B ab). Dann folgt aus dem 1. Fickschen Gesetz (Gleichung (1) für ideale Lösungen: $\tilde{D}_B \longrightarrow D_B$) sowie den Gleichungen (30) und (31)

$$j_B = -D_B \frac{\partial}{\partial \tilde{x}} n_B = -M_{BB} kT \frac{\partial}{\partial \tilde{x}} \ln c_B = -M_{BB} kT \frac{\partial}{\partial \tilde{x}} \ln n_B, \tag{32}$$

und für den Komponenten-Diffusionskoeffizienten D_B ergibt sich

$$D_B = kT \cdot \frac{M_{BB}}{M_B}. \tag{33}$$

Für den allgemeinen Fall (nichtideale Lösung) ist die Konzentration c_B der idealen Lösung in Gleichung (32) durch die Aktivität a_B der Komponente B in der Legierung zu ersetzen. Die Bindungsverhältnisse im Mischkristall (Wechselwirkung der Legierungspartner) werden dann durch den Aktivitätskoeffizienten $\gamma_B = a_B/c_B$ gekennzeichnet. Man erhält

$$\tilde{D}_B = D_B \cdot \frac{d \ln a_B}{d \ln c_B} = D_B \cdot \left(1 + \frac{d \ln \gamma_B}{d \ln n_B}\right). \tag{34}$$

Der in Klammern stehende Ausdruck ist der Thermodynamische Faktor. Er verknüpft den partiellen ("chemischen") Diffusionskoeffizienten $\tilde{D}_B$ in einer Legierung endlicher Konzentration mit dem Komponenten-Diffusionskoeffizienten D_B (als Maß für die Beweglichkeit M_{BB}/n_B) mit Hilfe eines konzentrationsabhängigen Aktivitätskoeffizienten γ_B. Er beschreibt somit die Wechselwirkung der Legierungspartner in einer nichtidealen Lösung, d. h. ist ein Maß für die chemische Nahordnung. Bei sehr kleinen Konzentrationen von B ist γ_B konstant (Henrysches Gesetz), und für $c_B \rightarrow 1$ gleich Eins (Raoultsches Gesetz). In diesen Fällen ist $\tilde{D}_B \approx D_B$.

Der Thermodynamische Faktor tritt in beiden Darkenschen Gleichungen (22) und (24) auf, und zwar nur der einen Komponente: Wegen der Gültigkeit der Gibbs-Duhem-Beziehung

$$\sum_i n_i \, d\mu_i = 0 \tag{35}$$

ist nämlich

$$c_A \frac{d\ln\gamma_A}{dn_A} = c_B \frac{d\ln\gamma_B}{dn_B}. \tag{36}$$

Das heißt, mit den Darkenschen Gleichungen sind $\tilde{D}(n_B)$, $v(n_B)$, D_A, D_B und $\gamma_B(n_B)$ in folgender Weise verknüpft:

$$v = (D_A - D_B) \cdot \left(1 + \frac{d\ln\gamma_B}{d\ln n_B}\right) \cdot \frac{\partial c_A}{\partial \tilde{x}} \tag{37}$$

$$\tilde{D} = (c_A D_B + c_B D_A) \cdot \left(1 + \frac{d\ln\gamma_B}{d\ln n_B}\right). \tag{38}$$

Wichtig ist, daß die in diesem Abschnitt gemachte Voraussetzung, nach der sich die Leerstellen überall im Gleichgewicht befinden ($\partial\mu_L/\partial\tilde{x} = 0$), für den Kirkendall-Effekt nicht erfüllt ist. Das heißt, die mit der Darkenschen Gleichung (37) beschriebene Kirkendall-Verschiebung ist unmittelbar durch die Erzeugung von Leerstellen auf der einen Seite (an Versetzungen), Vernichtung auf der anderen Seite der Schweißebene (in Poren) bedingt; und diese Prozesse sind an endliche Leerstellenübersättigungen, d. h. Abweichungen vom Leerstellengleichgewicht, geknüpft. Abb. 15 zeigt ein Konzentrationsprofil und die sich daraus ergebenden Komponentenströme. Der Leerstellenstrom $j_L = |j_B| - |j_A|$ ist nicht divergenzfrei. Das heißt, die Leerstellenkonzentration ist in der Umgebung der Schweißebene nicht im Gleichgewicht, μ_L ist nicht überall konstant. Das ist in Übereinstimmung mit experimentellen Beobachtungen (Kirkendall-Effekt), wonach die Porenzone deutlich außerhalb der ursprünglichen Schweißebene liegt.

Der Leerstellenfluß bei Interdiffusion und dessen Einfluß auf die Komponenten-Diffusionskoeffizienten D_A und D_B kann durch von MANNING /148/ eingeführte Faktoren berücksichtigt werden. Diese Faktoren, die von der Konzentration der Komponenten und von einem strukturspezifischen Korrelationskoeffizienten abhängen, sind in den Größen D_A und D_B (s. z. B. Gleichungen (37) und (38)) bereits enthalten.

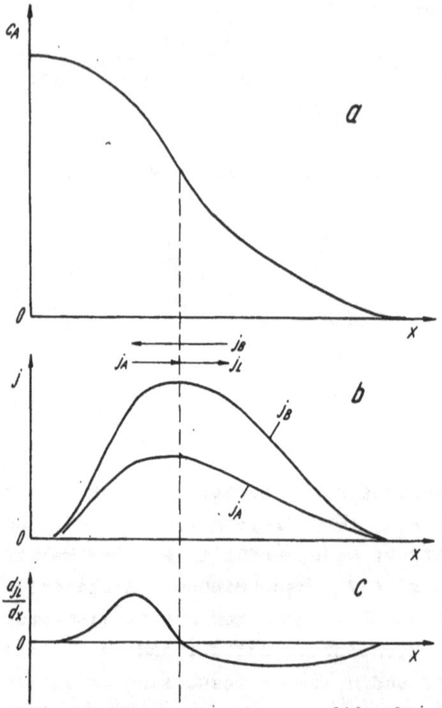

Abb. 15. Konzentrationsprofil für Komponente A (a) und Ströme von A und B für $D_B > D_A$ (b). Erzeugung von Leerstellen ($dj_L/dx > 0$) im linken Probenbereich, Vernichtung im rechten Probenbereich, aus /144/

4.6. Konsequenzen des Thermodynamischen Faktors bei der Legierungsdiffusion

4.6.1. Systeme mit vollständiger Mischbarkeit

Der Thermodynamische Faktor ist gemäß

$$1 + \frac{d \ln \gamma_B}{d \ln c_B} = \frac{c_A c_B}{kT} \cdot \frac{d^2 G}{d c_B^2} \qquad (39)$$

mit der Freien Enthalpie G verknüpft. Diese ist von der Konzentration der Komponente B sowie vom Nahordnungsgrad s in dem binären System AB (Konfigurationsanteil) abhängig, d. h. $G = G(c_B, s(c_B, T))$. Deshalb gilt es, stets

$$\frac{d^2G}{dc_B^2} = \frac{\partial^2 G}{\partial c_B^2} + 2 \cdot \frac{\partial^2 G}{\partial c_B \cdot \partial s} \cdot \frac{ds}{dc_B} + \frac{\partial^2 G}{\partial s^2} \left(\frac{\partial s}{\partial c_B} \right)^2 \tag{40}$$

auszuwerten, um so den Einfluß des Ordnungszustandes auf den Thermodynamischen Faktor und damit auf den Interdiffusionskoeffizienten zu berücksichtigen. Das ist vor allem bei der Bildung von Überstrukturen wichtig.

4.6.2. Systeme mit beschränkter Mischbarkeit, Spinodale Entmischung

Wesentlich einschneidender ist die Wirkung des Thermodynamischen Faktors in Systemen mit Entmischungstendenz. Dort wird innerhalb des Zweiphasenbereiches eine Spinodale durch die Bedingung

$$\frac{\partial^2 G}{\partial c_B^2} = 0 \tag{41}$$

definiert (s. Abb. 16). Wegen

$$c_A \frac{\partial^2 G}{\partial c_B^2} = \frac{\partial \mu_B}{\partial c_B} = \frac{kT}{c_B} \cdot \left(1 + \frac{d \ln \gamma_B}{d \ln c_B} \right) \tag{42}$$

bedeutet das, daß auf der Spinodale der Thermodynamische Faktor gleich Null ist, und damit $\tilde{D}_B = 0$. Unterhalb der Spinodale wird $\partial^2 G/\partial c_B^2 < 0$, d. h. der partielle Diffusionskoeffizient $\tilde{D}_B$ kehrt sein Vorzeichen um, verursacht "Bergaufdiffusion", baut Konzentrationsunterschiede auf (statt normalerweise, im Sinne des 1. Fickschen Gesetzes, ab) /149/. Die "spinodale Entmischung" ist ein wesentlicher Mechanismus der Ausscheidung.

Spinodale Entmischung tritt in binären Diffusionspaarungen nicht auf, sondern nur wenn mehr als zwei Komponenten am Interdiffusionsprozeß beteiligt sind (s. Abschnitt 4.6.3.).

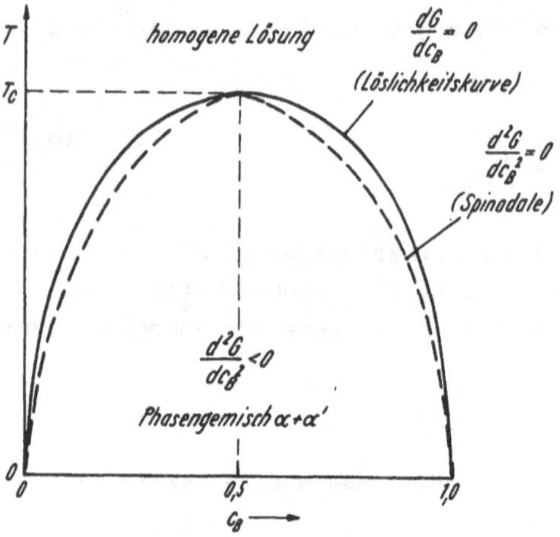

Abb. 16. Löslichkeitskurve und Spinodale nach dem Modell der regulären Lösung

4.6.3. Systeme mit intermetallischen Phasen, Mehrphasendiffusion

Im linken Teil der Abb. 17 ist ein Zustandsdiagramm schematisch dargestellt, bei dem die Komponenten A und B zwei intermetallische Phasen β und γ bilden können, die beide einen Homogenitätsbereich besitzen. Die reinen Metalle (Komponenten A und B) weisen eine gegenseitige Löslichkeit im festen Zustand auf. Die im rechten Teil der Abb. 17 dargestellte, zugehörige Konzentrationskurve zeigt an den Phasengrenzen die nach der Gibbsschen Phasenregel zu fordernden Konzentrationssprünge. Die horizontalen Linien lassen erkennen, daß hier Gleichgewichtskonzentrationen vorliegen.

Wichtig ist, daß in binären, mehrphasigen Systemen durch Interdiffusion niemals Zweiphasengebiete erzeugt werden. Im $c_B(x)$-Diagramm bleiben auch nach langen Zeiten sprunghafte Änderungen zwischen den Grenzkonzentrationen bestehen /140,150/. In m-komponentigen ($m \geq 3$), mehrphasigen Systemen können durch Interdiffusion durchaus Zweiphasengebiete gebildet werden.

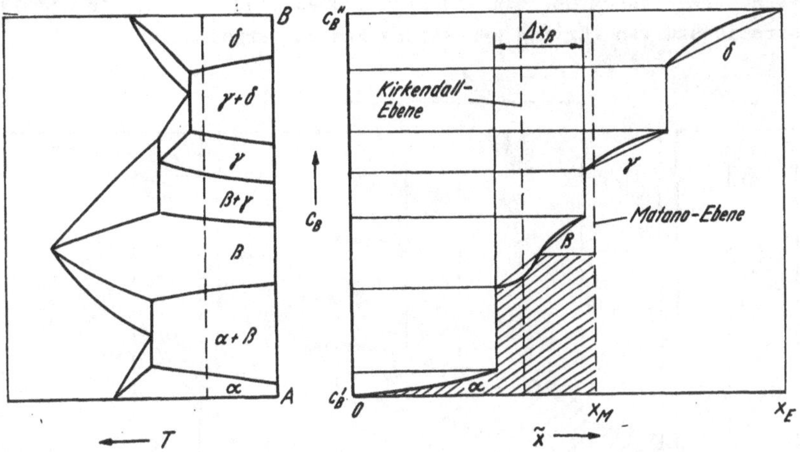

Abb. 17. Zustandsdiagramm mit intermetallischen Phasen und schematisches Konzentrationsprofil für die Interdiffusion der reinen Komponenten

Die in Abschnitt 4.4. beschriebene Matano-Methode wurde von JOST /151/ für die Bestimmung von Interdiffusionskoeffizienten in mehrphasigen Systemen verallgemeinert. In Analogie zu Gleichung (15) erhält man für den Interdiffusionskoeffizienten $\tilde{D}_i$ der i-ten Phase eines n-phasigen Systems (Phasendicke Δx_i) /146,152/

$$\tilde{D}_i = \frac{\Delta x_i^2}{t} \cdot \frac{\varepsilon_{ii}}{2 \cdot \Delta Y_i} \sum_{j=1}^{n} \frac{\varepsilon_{ij}}{\varepsilon_{ii}} \cdot \frac{\Delta x_j}{\Delta x_i} \tag{43}$$

mit

$$\varepsilon_{ij} = \begin{cases} (1 - \overline{Y}_i) Y_j & \text{für } j<i \\ 1/4 \cdot \left[Y_{i1}(1 - \overline{Y}_i) + \overline{Y}_i(1 - Y_{i2}) + 2 \cdot \overline{Y}_i(1 - \overline{Y}_i) \right] & \text{für } j=i \\ \overline{Y}_i(1 - Y_j) & \text{für } j>i \end{cases}$$

$\{i,j\} = \{1,\ldots,n\}$.

Zur Veranschaulichung der eingeführten Größen sind in Abb. 18 und 19 Konzentrationskurven für ein n-phasiges System dargestellt.

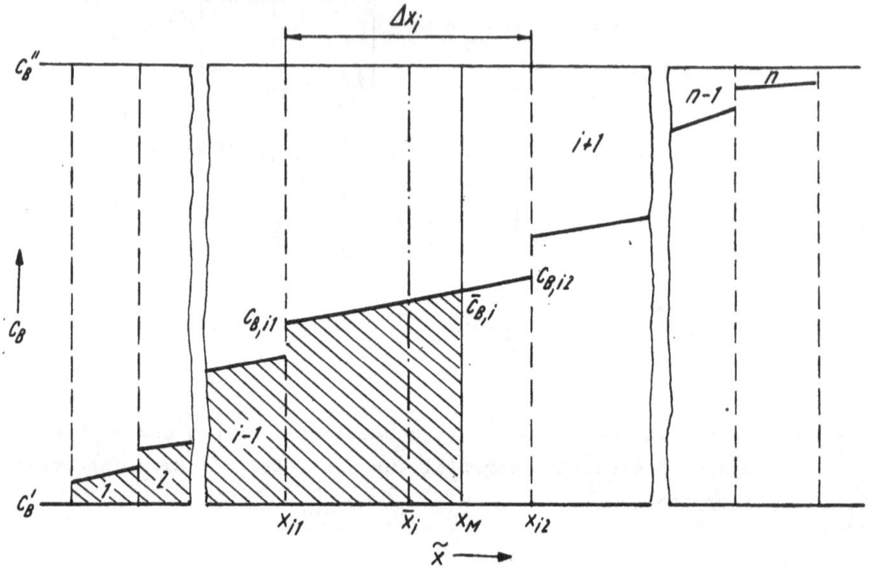

Abb. 18. Konzentrationsprofil für ein n-phasiges System, aus /146/

Aus Gleichung (43) wird deutlich, daß der Interdiffusionskoeffizient der i-ten Phase nicht nur von der Phasendicke und dem Verlauf der Konzentrationskurve in dieser Phase abhängt, sondern ebenso von den entsprechenden Größen der anderen Phasen des n-phasigen Systems, d. h. es existiert ein komplexer Zusammenhang zwischen dem Interdiffusionskoeffizienten $\tilde{D}_i$ und der "Phasenwachstumskonstante" k_i der i-ten Phase.

Die in der Praxis oft benutzte Beziehung für diffusionskontrollierte Prozesse

$$k_i^2 = \frac{\Delta x_i^2}{t} = const \quad (44)$$

(parabolisches Phasenwachstum) gilt für Mehrphasendiffusion, sofern der Interdiffusionskoeffizient $\tilde{D}_i$ innerhalb jeder Phase konstant ist.

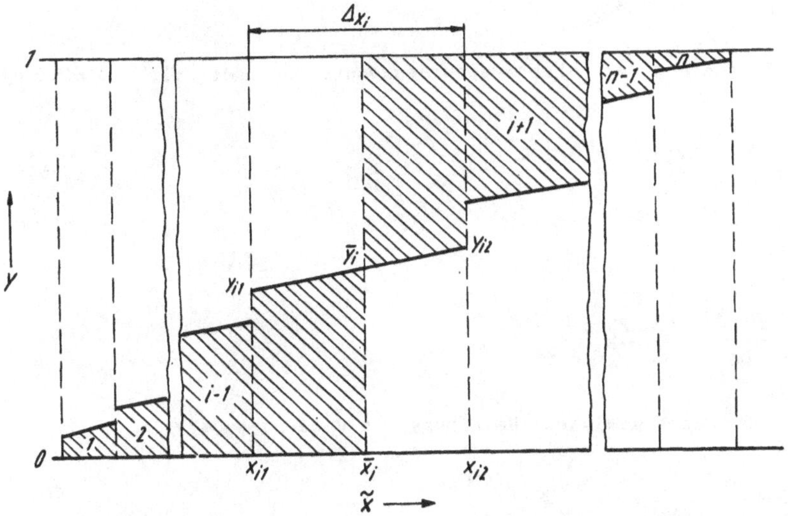

Abb. 19. wie Abb. 18, Veranschaulichung der eingeführten Y-Werte, aus /146/

Von LJUBOV /153,154/ und HEUMANN /155/ wurde konstatiert, daß die Keimbildung für neue Phasen an bestehenden Phasengrenzen erfolgt. Jedoch ist für die Keimbildung die Interdiffusion nicht der geschwindigkeitsbestimmende Vorgang.

Für das sich anschließende Phasenwachstum ist die Interdiffusion geschwindigkeitsbestimmend. Die Phasenwachstumsgeschwindigkeiten einzelner intermetallischer Phasen eines binären Systems unterscheiden sich i. a. sehr stark; oft um mehrere Größenordnungen. Deshalb sollen im folgenden Kriterien abgeleitet werden, die zeigen, unter welchen Bedingungen welche Phasen eines n-phasigen binären Systems schneller wachsen.

Nach grundlegenden Arbeiten von SEITH /156/ und KIDSON /157/ wurde von UGASTE u. a. /152/ der Zusammenhang

$$k_i^2 = k_i^2(\tilde{D}_1, \ldots, \tilde{D}_n, c', c'', c_{11}, c_{12}, \ldots, c_{n1}, c_{n2}, T) \tag{45}$$

quantitativ untersucht.

Unter Einführung von Phasenwachstumskonstanten läßt sich Gleichung (43) in

$$\tilde{D}_i = \frac{\varepsilon_{ii} \cdot k_i^2}{2 \cdot \Delta Y_i} \sum_{j=1}^{n} \frac{\varepsilon_{ij}}{\varepsilon_{ii}} \cdot \frac{k_j}{k_i} \tag{46}$$

bzw.

$$k_i^2 = \frac{2 \cdot \tilde{D}_i \cdot \Delta Y_i}{\varepsilon_{ii}} \left(\sum_{j=1}^{n} \frac{\varepsilon_{ij}}{\varepsilon_{ii}} \cdot \frac{k_j}{k_i} \right)^{-1} \tag{47}$$

überführen. Durch geeignete Umformung von Gleichung (47) in

$$k_i^2 = \frac{2 \cdot \tilde{D}_i \cdot \Delta Y_i}{\varepsilon_{ii}} \left[1 + \alpha(k_1, \ldots, k_n) \right]^{-1} \tag{48}$$

mit

$$\alpha = \sum_{j=1}^{n} \frac{\varepsilon_{ij}}{\varepsilon_{ii}} \cdot \frac{k_j}{k_i} \tag{49}$$

($j \neq i$) kann man bereits erkennen, daß sich mit Vergrößerung der Wachstumsgeschwindigkeit der j-ten Phase der Einfluß auf die Wachstumsgeschwindigkeit der i-ten Phase erhöht.

Unter Vernachlässigung der α-Terme für alle Phasen $j \neq i$, d. h.

$$k_j^2 = \frac{2 \cdot \tilde{D}_j \cdot \Delta Y_j}{\varepsilon_{jj}}, \tag{50}$$

kann man Gleichung (47) in

$$k_i^2 = \frac{2 \cdot \tilde{D}_i \cdot \Delta Y_i}{\varepsilon_{ii}} \left[\sum_{j=1}^{n} \left(\frac{\varepsilon_{ij}^2}{\varepsilon_{ii} \cdot \varepsilon_{jj}} \cdot \frac{\tilde{D}_j \cdot \Delta Y_j}{\tilde{D}_i \cdot \Delta Y_i} \right)^{1/2} \right]^{-1} \tag{51}$$

umformen. Diese Näherungsformel ermöglicht eine anschauliche qualitative Interpretation des funktionalen Zusammenhangs zwischen der

Wachstumskonstante k_i der i-ten Phase und den sie beeinflussenden Größen.

Unter Berücksichtigung von Gleichung (14) erhält man

$$k_i^2 \sim \tilde{D}_i \cdot \frac{\Delta c_{B,i}}{c_B'' - c_B'} , \tag{52}$$

d. h. die Phasenwachstumskonstante k_i der i-ten Phase ist umso größer, je größer das Produkt von Interdiffusionskoeffizient und Homogenitätsbereich dieser Phase ist (dieser Zusammenhang wurde auch in /156-158/ gefunden) und je kleiner die Differenz der Konzentrationen der Komponente B in den Ausgangsproben der Werkstoffpaarung zu Beginn der Interdiffusion (Zeitpunkt t = 0) ist.

Der Faktor ε_{ii} bringt die Abhängigkeit der Phasenwachstumskonstante k_i der i-ten Phase von der Lage der Phase innerhalb der Diffusionszone (d. h. relativ zu den anderen Phasen) zum Ausdruck. Die Größe k_i ist umso größer, je stärker sich die mittlere Konzentration der i-ten Phase von der mittleren Konzentration der Werkstoffpaarung $1/2 \cdot (c_B' + c_B'')$ unterscheidet.

Die Summe in Gleichung (51) veranschaulicht den Einfluß gleichzeitig wachsender, weiterer Phasen auf die Wachstumsgeschwindigkeit der i-ten Phase. Wegen

$$\sum_{j=1}^{n} \left(\frac{\varepsilon_{ij}^2}{\varepsilon_{ii} \cdot \varepsilon_{jj}} \cdot \frac{\tilde{D}_j \cdot \Delta c_{B,j}}{\tilde{D}_i \cdot \Delta c_{B,i}} \right)^{1/2} \geq 1 \tag{53}$$

(vgl. Gleichungen (48) und (49)) folgt, daß sich die Größe k_i verkleinert, sobald in der Diffusionszone weitere Phasen wachsen. Wie stark k_i reduziert wird, hängt vor allem von den Parametern $\tilde{D}_j \cdot \Delta c_{B,j}$ der konkurrierenden Phasen ab.

Zusammenfassend kann man feststellen, daß das Phasenwachstum der i-ten Phase eines n-phasigen binären Systems, und damit k_i, umso größer sind,

i) je größer der Interdiffusionskoeffizient $\tilde{D}_i$ in dieser Phase ist,

ii) je breiter der Homogenitätsbereich $\Delta c_{B,i}$ dieser Phase ist (Temperaturabhängigkeit von $\Delta c_{B,i}$, s. unten),

iii) je kleiner die Differenz der Anfangskonzentrationen $c_B'' - c_B'$ ist,

iv) je näher am Rand der Diffusionszone sich diese Phase befindet und

v) je kleiner die Produkte $\tilde{D}_j \cdot \Delta c_{B,j}$ für die anderen, gleichzeitig wachsenden Phasen sind.

Diese Einflußfaktoren auf das diffusionskontrollierte Phasenwachstum in Mehrphasensystemen resultieren aus den Eigenschaften der betrachteten Phase (i), ii) - erste 2 Kriterien von SEITH /156/), aus den Eigenschaften der anderen, gleichzeitig wachsenden Phasen (iv), v)) sowie aus den experimentellen Bedingungen (iii)). Weiterhin sind die physikalischen Eigenschaften der Phasen zu berücksichtigen.

Die Aktivierungsenergie für das Phasenwachstum Q_{Pi} ist eine Summe aus der Aktivierungsenergie für die Interdiffusion Q_i (s. Gleichung (8)) sowie einer "Aktivierungsenergie", die von der Temperaturabhängigkeit des Homogenitätsbereiches dieser Phase abhängt und die in komplexer Weise von den Interdiffusions-Aktivierungsenergien und Temperaturabhängigkeiten der Homogenitätsbereiche aller anderer Phasen beeinflußt wird /146/:

$$Q_{Pi} = Q_i - \frac{\partial \ln \Delta c_i}{\partial (1/kT)} + \frac{1}{2} \sum_{j=1}^{n} \frac{\left[Q_i - \frac{\partial \ln \Delta c_i}{\partial (1/kT)}\right] - \left[Q_j - \frac{\partial \ln \Delta c_j}{\partial (1/kT)}\right]}{\sum_{l=1}^{n} \frac{\varepsilon_{il}}{\varepsilon_{ij}} \left(\frac{\varepsilon_{jj}}{\varepsilon_{ll}} \cdot \frac{\tilde{D}_l \cdot \Delta c_l}{\tilde{D}_j \cdot \Delta c_j}\right)^{1/2}} . \qquad (54)$$

Die Auffassungen dazu, ob bei Interdiffusion immer alle, gemäß Zustandsdiagramm vorhandenen thermodynamisch stabilen Phasen gebildet werden, sind sehr unterschiedlich. UGASTE u. a. /152/ vertreten den Standpunkt, daß stets alle gemäß Zustandsdiagramm möglichen Phasen gebildet werden, jedoch wegen der stark unterschiedlichen Wachstumsgeschwindigkeiten einige Phasen so geringe laterale Ausdehnung aufweisen, daß sie experimentell nur mit erhöhtem Aufwand (bzw. beim derzeitigen Stand der Technik gar nicht) nachweisbar sind.

4.6.4. Mehrkomponentendiffusion

Analog zu den binären Systemen läßt sich auch bei Mehrkomponentensystemen die Matano-Methode für die Bestimmung der Interdiffusionskoeffizienten anwenden. Für m-komponentige Systeme wurden die entsprechenden Beziehungen von KIRKALDY u. a. /159/ aufgestellt, für ternäre Systeme von FUJITA /160/.

Für ein ternäres System (ohne intermetallische Phasen) gibt es vier Interdiffusionskoeffizienten und sechs (zwei je Komponente) partielle Diffusionskoeffizienten. Die partiellen Diffusionskoeffizienten werden durch drei Indizes charakterisiert, wobei folgende Schreibweise vereinbart wird: Der erste der unten stehenden Indizes gibt die Komponente an, die diffundiert, der zweite der unten stehenden Indizes gibt die Komponente an, durch deren Konzentrationsgradienten ein Massefluß erfolgt und der dritte, oben stehende Index weist darauf hin, welcher Konzentrationsgradient durch die zwei anderen ersetzt wurde.

Der Massefluß einer Komponente (im speziellen Fall der Komponente B) ist unter den genannten Voraussetzungen

$$j_B = -\tilde{D}_{BB}^{C} \cdot \frac{\partial n_A}{\partial x} - \tilde{D}_{BA}^{C} \cdot \frac{\partial n_B}{\partial x}, \qquad (55)$$

wobei $\tilde{D}_{BB}^{C}$ und $\tilde{D}_{BA}^{C}$ partielle Diffusionskoeffizienten und $\partial n_B/\partial x$ der Konzentrationsgradient der Komponente B sind.

Die zum Zeitpunkt t duch die Schweißebene transportierte Menge der Komponente B ist durch

$$\int_0^t j_B \, dt' = -\tilde{D}_{BB}^{C} \cdot 2t \cdot \left.\frac{\partial n_A}{\partial x}\right|_t - \tilde{D}_{BA}^{C} \cdot 2t \cdot \left.\frac{\partial n_B}{\partial x}\right|_t \qquad (56)$$

gegeben. Die entsprechenden Konzentrationsgradienten und die diffundierten Mengen der Komponente B können graphisch aus den zeitabhängigen Konzentrationskurven ermittelt werden. Deren Bestimmung gemäß

$$\int_0^t j_B \, dt' = M_A(t) - M_{A,0} \qquad (57)$$

ist in Abb. 20 veranschaulicht.

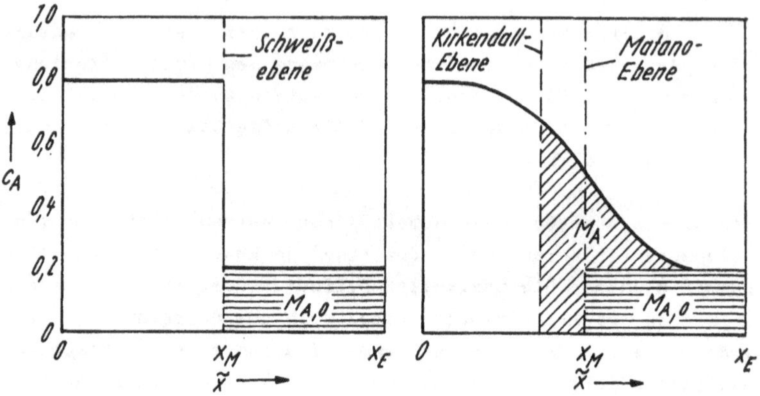

Abb. 20. Konzentrationsprofil für Mehrkomponentendiffusion

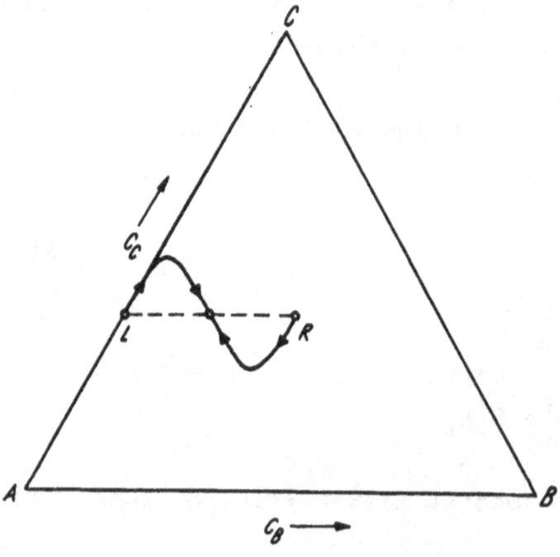

Abb. 21. Konzentrations-Zeit-Weg ("Diffusionsweg") zwischen zwei Punkten links und rechts der Schweißebene (L und R), nach /147/

Bei der Mehrkomponentendiffusion wird die Bedeutung des Thermodynamischen Faktors wiederum spektakulär sichtbar. So kann z. B. in einem ternären System mit den Komponenten A, B und C zunächst ein Gradient $\partial c_C/\partial\tilde{x}$ beiderseits der Schweißebene aufgebaut werden (im Gegensatz zum 1. Fickschen Gesetz) - aber der Gradient des chemischen Potentials $\partial\mu_C/\partial\tilde{x}$ wird, bedingt durch die unterschiedliche Konzentration c_B, abgebaut. Langfristig kommt es nach Ausgleich der Konzentrationen der Komponente B beiderseits der Schweißebene wieder zum Abbau des Konzentrationsgradienten der Komponente C. Der Konzentrations-Zeit-Weg ("Diffusionsweg") ist für einen derartigen Fall zwischen zwei Punkten links und rechts der Schweißebene (L und R) in Abb. 21 schematisch dargestellt. Dieser nicht geradlinig verlaufende "Diffusionsweg" kann unvermutet durch Existenzbereiche intermetallischer Phasen führen.

4.7. Diffusion in Grenzflächen und Versetzungen

In den Abschnitten 4.2. bis 4.6. wurde angenommen, daß Diffusion und Massefluß in "ungestörten" Volumenbereichen des Festkörpers ablaufen, in denen nur Punktdefekte auftreten. Ein-, zwei- und dreidimensionale Defekte (Versetzungen, Korngrenzen, Poren und Mikrorisse) wurden nicht berücksichtigt. Die Aktivierungsenergie für Diffusionsprozesse (Platzwechselmechanismen) wird infolge der durch diese Defekte im Vergleich zum perfekten Kristallgitter reduzierten Packungsdichte der Atome verringert. Das führt vor allem bei niedrigen Temperaturen zu größeren Diffusionskoeffizienten.

Der atomare Transportprozeß kann bei Anwesenheit o. g. Defekte in drei Stadien eingeteilt werden /161,162/ und soll für die Korngrenzendiffusion erläutert werden. Ausgangspunkt der Betrachtungen soll wieder die in Abb. 12 dargestellte Diffusionspaarung AB sein, wobei senkrecht zur Grenzfläche (x = 0) eine Korngrenze der Dicke δ ausgebildet ist (s. Abb. 22).

Im Stadium A wirkt die Korngrenze offenbar als "Bewässerungskanal": von der Grenzfläche her eindringende B-Atome werden in diesem schnell in x-Richtung transportiert. Der Ausdruck $(\tilde{D}_B \cdot t_T)^{1/2}$ (D_B...partieller Volumen-Diffusionskoeffizient der Komponente B, t_T...Temperzeit), der bis auf einen Faktor $\sqrt{2}$ dem quadratischen Mittelwert der Eindringtiefe im Volumen entspricht, ist erheblich kleiner als die Korngrenzenbreite δ. Deshalb ist der aus den Korngrenzen in die einkristallinen Bereiche abwandernde Anteil von B-Atomen vernachlässigbar.

Das Stadium B ist durch eine Interdiffusion zwischen der Korngrenze und dem einkristallinen Bereich in Richtung des (durch die erhöhte

Konzentration von A-Atomen in der Korngrenze aufgebauten) Konzentrationsgradienten (y-Richtung) gekennzeichnet. Die mittlere Eindringtiefe der B-Atome in den einkristallinen Bereichen ist groß im Vergleich zur Dicke der Korngrenze und klein im Vergleich zu den mittleren Abständen der Korngrenzen.

Abb. 22 zeigt ein schematisches Konzentrationsprofil für eine vorzugsweise Diffusion von Atomen entlang einer Korngrenze (in Analogie zum Modell von FISHER /163/).

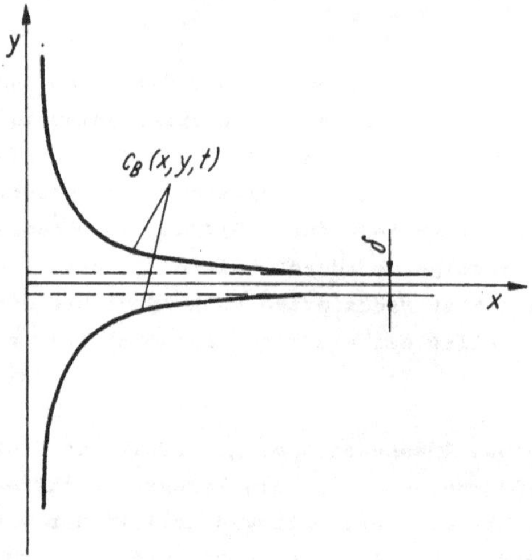

Abb. 22. Schematisches Konzentrationsprofil für eine vorzugsweise Diffusion von der Oberfläche (x = 0) entlang einer Korngrenze (x-Richtung) der Dicke δ

Quantitative Berechnungen für Konzentrationsprofile wurden in /164/ vorgenommen.

Das Stadium C wird erreicht, wenn $(\tilde{D}_B \cdot t_T)^{1/2}$ von der Größenordnung der halben mittleren Korngröße ist. Es stellt sich ein dynamisches Gleichgewicht der Konzentrationen von B-Atomen in Korngrenzen und in einkristallinen Bereichen ein.

Tab. 4. Zeitlicher Ablauf der Korngrenzendiffusion nach HARRISON /161/

Stadium	Kennzeichen
A	$(\tilde{D}_B t_T)^{1/2} < 0.1 \cdot \delta$
B	$10^2 \cdot \delta < (\tilde{D}_B t_T)^{1/2} < (0.2...0.4) \langle l \rangle$
C	$(\tilde{D}_B t_T)^{1/2} > (0.8...1.0) \langle l \rangle$

Nach HAASEN /140/ läuft auch die Korngrenzendiffusion der Metalle über einen Leerstellenmechanismus ab (s. Abschnitt 4.3.). Unter Berücksichtigung der Aufspaltung der Aktivierungsenergie nach Gleichung (8) wird die Leerstellenbildungsenthalpie ΔH_{LB}^K um die Bindungsenthalpie der Leerstelle an die Korngrenze oder Versetzung kleiner als die Leerstellenbildungsenthalpie ΔH_{LB}^V sein (K...Korngrenzendiffusion, V...Volumendiffusion). Der wesentliche Teil der Differenz $(Q^V - Q^K)$ resultiert offenbar aus der sehr kleinen Wanderungsenthalpie ΔH_{LW}^K.

Die Diffusion an Grenzflächen (z. B. Verbindungsebene einer Werkstoffpaarung AB) kann ebenfalls als Korngrenzendiffusion aufgefaßt werden.

Die Oberflächendiffusion ist ein Spezialfall der Korngrenzendiffusion, den man erhält, wenn man das untere Korn in Abb. 22 wegläßt. δ ist nun die Dicke der gestörten Oberflächenschicht ($\delta \longrightarrow \delta'$). Für die Oberflächendiffusion sind Rauhigkeit und kristallographische Orientierung der Oberfläche sowie an ihr adsorbierte Atome und Atomkomplexe von besonderer Bedeutung.

Nach Einstellen eines dynamischen Konzentrationsgleichgewichts zwischen den einkristallinen Bereichen und den Defekten (Stadium C, s. oben) kann der Diffusionsprozeß durch einen effektiven Diffusionskoeffizienten $\tilde{D}_{eff}$ gemäß

$$\tilde{D}_{eff} = (1 - a \cdot v_p) \cdot [v_V \cdot \tilde{D}_V + \sum_i v_i \cdot \tilde{D}_i] \qquad (58)$$

mit

v_V...relativer Volumenanteil der einkristallinen Bereiche
$\tilde{D}_V$...Volumen-Diffusionskoeffizient
v_P...relativer Volumenanteil der Poren
a....von Porenform abhängige Konstante
v_i...relativer Volumenanteil der Defekte
(Art der Defekte mit Index i gekennzeichnet)
$\tilde{D}_i$...der jeweiligen Defektart entsprechender Diffusionskoeffizient

beschrieben werden. Unter Berücksichtigung vereinfachender Annahmen erhält man bei Vorhandensein von Poren, Korngrenzen und Versetzungen /162/

$$\tilde{D}_{eff} = (1-a\cdot v_P)\cdot\left[\tilde{D}_V + \frac{\delta}{\langle l\rangle}\tilde{D}_K + \pi\cdot 10^{-14}\rho\tilde{D}_P + \frac{3\delta'}{R_P}v_P\tilde{D}_S\right] \tag{59}$$

mit

δ....Breite der Korngrenze
<21>...mittlere Korngröße
ρ....Versetzungsdichte
δ'...Dicke der gestörten Oberflächenschicht
R_P...Radius einer kugelförmigen Pore
$\tilde{D}_K$...Korngrenzen-Diffusionskoeffizient
$\tilde{D}_P$..."pipe"-Diffusionskoeffizient
$\tilde{D}_S$...Diffusionskoeffizient für innere Oberflächen
($v_V \approx 1$).

Gleichung (59) läßt erkennen, in welcher Weise der effektive Diffusionskoeffizient prinzipiell von den Diffusionskoeffizienten der beteiligten Elementarprozesse, von den Mittelwerten der Korngröße und des Porenradius sowie von der Versetzungsdichte abhängt.

Analoge Beziehungen sind für die bei der Interdiffusion auftretenden partiellen Diffusionskoeffizienten (z. B. $\tilde{D}_{B,eff}$) möglich, jedoch ist von jeder Art der ein- und zweidimensionalen Gitterbaufehler nur der Anteil zu berücksichtigen, der in der Richtung des chemischen Potentialgradienten wirksam wird.

Für die realen Bondkontakte, die eine Werkstoffkombination polykristalliner Komponenten mit hoher Defektdichte verkörpern, ist bei 150 °C (und damit $T/T_S < 0.5$ für alle potentiellen Werkstoffe, s. Kap. 3) zu erwarten, daß die Interdiffusion in der Regel vor allem entlang der ein- und zweidimensionalen Gitterbaufehler (Korngrenzen, inkohärente Phasengrenzflächen, innere Oberflächen von Poren und Rissen, Versetzungen) erfolgt. Zur Lösung der Fickschen Gleichungen (1) und (2) müssen für alle Werkstoffe (einschließlich der intermetallischen Phasen) die partiellen Diffusionskoeffizienten der Elementarvorgänge $\tilde{D}_{B,i}$ bekannt sein, des weiteren Form, Größe, Verteilung der vorhandenen Gitterbaufehler. Die Kenntnisse zu den $\tilde{D}_{B,i}$ sind für Metalle äußerst gering, für Legierungen sind kaum Angaben vorhanden. Deshalb ist eine theoretische Vorhersage zur Interdiffusion in realen Bondkontakten praktisch nicht möglich.

In Kap. 6 und 7 werden deshalb für praktisch relevante Mehrkomponentenkontaktsysteme experimentelle Ergebnisse zusammengestellt und mit Hilfe der in diesem Kapitel vermittelten theoretischen Vorstellungen interpretiert.

5. METALLPHYSIKALISCHE EFFEKTE IN MEHRKOMPONENTENKONTAKTSYSTEMEN

5.1. Intermetallische Phasenbildung

5.1.1. Übersicht

In Mehrkomponentenkontaktsystemen, in denen intermetallische Phasen gebildet werden, bestimmen die Eigenschaften dieser Phasen weitgehend die elektrischen und mechanischen Eigenschaften der Bondkontakte. Die Kinetik der Degradation an Bondkontakten hat eine Reihe möglicher Ursachen bzw. Einflußgrößen, die jedoch meist - direkt oder indirekt - mit der Bildung, dem Wachstum und der Umwandlung intermetallischer Phasen verknüpft sind.

Intermetallische Phasen sind dadurch gekennzeichnet, daß sich deren Kristallstruktur von denen der reinen Komponenten unterscheidet und daß deren Bindungskräfte nicht rein metallischer Natur sind, sondern teilweise ionischen Charakter haben /144/. Charakteristisch sind große Härte, extreme Sprödigkeit, hoher Schmelzpunkt sowie im Vergleich zu den reinen Metallen geringe elektrische und thermische Leitfähigkeit. Einige intermetallische Phasen neigen zu sogenannten Pestreaktionen, d. h. sie zerfallen mehr oder weniger spontan zu Pulver (allgemein bekannt ist die "Purpurpest"-Phase $AuAl_2$). Verlauf und Ausmaß dieser Reaktionen sind von komplizierten und z. T. noch weitgehend unbekannten Faktoren abhängig (spezielle Wärmebehandlung, Korngrenzenversprödung usw.).

In Mehrkomponentenkontaktsystemen mit intermetallischen Phasen können folgende, die elektrischen und mechanischen Eigenschaften des Bondkontaktes beeinflussenden Effekte auftreten:

- Porenbildung infolge Kirkendall-Effekt (s. Abschnitte 4.4. und 4.5.) bei Temperaturbelastung
- Poren- und Rißentstehung durch Volumenänderungen infolge Bildung und Wachstum intermetallischer Phasen (Volumeneffekt, s. Abschnitt 5.1.3.) bei Temperaturbelastung
- Rißbildung infolge zu großer Spannungen, hervorgerufen durch unterschiedliche thermische Ausdehnungskoeffizienten der reinen Metalle

und der spröden, intermetallischen Phasen bei Temperaturwechselbelastung (s. Abschnitt 5.1.4.)
- Korrosion intermetallischer Phasen, Kontaktkorrosion und Spannungsrißkorrosion, insbesondere in korrosiven Umgebungsmedien (s. Abschnitte 5.1.5., 5.1.6. und 5.1.7.)

Ausgehend von diesen möglichen Effekten wurden die Belastungsbedingungen für Zuverlässigkeitsuntersuchungen an Bondkontakten abgeleitet. Bei der Festlegung dieser betriebssimulierenden bzw. wirkungsäquivalenten Belastungen ist darauf zu achten, daß bei beschleunigten Tests die qualitativ gleichen festkörperphysikalischen Mechanismen wie bei für integrierte Schaltkreise üblichen Einsatzbedingungen auftreten. In der Literatur variieren diese Bedingungen in großen Bereichen. Als typische Belastungsbedingungen können angesehen werden:

- Temperaturlagerung : ϑ = 150 °C
- Temperaturwechselbelastung: ϑ = -55...-65 °C/+125...150 °C
- Feuchtelagerung : ϑ = 40...65 °C, 85...95 % rel. F.
- Dampfdrucktest (PC-Test) : ϑ = 120...135 °C, $p = 2...3 \cdot 10^5$ Nm^{-2}

Bei Bauelementen, die nicht plastverkappt sind und bei denen die Drahtbrücken außer der "Kommunikationsfunktion" noch mechanische Funktionen haben (z. B. beim Kontaktieren von Nacktchips), sind weitere spezielle Belastungen erforderlich.

5.1.2. Anstieg des Kontaktwiderstandes

Der Kontaktwiderstand setzt sich nach /165/ aus zwei Beiträgen zusammen,

- dem Engewiderstand, der durch die Größe der realen Kontaktfläche (s. Abschnitt 2.4.4.2.) charakterisiert wird, und
- dem Fremdschichtwiderstand, der durch die Größe der realen Kontaktfläche sowie die Dicke und den spezifischen elektrischen Widerstand der Fremdschicht charakterisiert wird.

Die wesentlichen festkörperphysikalischen Ursachen für den Anstieg des Kontaktwiderstandes in Mehrkomponentenkontaktsystemen mikroelektronischer Drahtbondkontakte bestehen

- in Bildung und Wachstum von Mikrorissen (Querschnittseinengung), z. B. infolge Kirkendall-Effekt, Volumeneffekt bei Auftreten intermetallischer Phasen oder Spannungsrißkorrosion, und
- in Bildung und Wachstum intermetallischer Phasen mit einem gegenüber den reinen Komponenten höheren spezifischen elektrischen Widerstand.

Infolge Interdiffusion kann es zu einer Vergrößerung der realen Kontaktfläche sowie zu Ordnungsvorgängen (Bildung von Überstrukturen) kommen, die eine Reduzierung des Kontaktwiderstandes bewirken (s. Abschnitt 5.2.2.).

5.1.3. Volumeneffekt

Die Bildung intermetallischer Phasen ist i. a. mit einer Volumenänderung verbunden /166-168/. Diese Volumenänderung läßt sich unter folgenden Annahmen berechnen /168/:

i) Es handelt sich um ein geschlossenes System, in dem Masse und Anzahl der Atome konstant bleiben, d. h.

$$\rho_P \cdot V_P = \rho_1 \cdot V_1 + \rho_2 \cdot V_2 \tag{60}$$

bzw.

$$n_P = n_1 + n_2 \tag{61}$$

mit

ρ_1, ρ_2...Dichten der Komponenten
ρ_P.......Dichte der intermetallischen Phase
v_1, v_2...umgewandelte Volumina der Komponenten
v_P.......Volumen der intermetallischen Phase
n_1, n_2, n_P...Anzahl der Atome in v_1, v_2 bzw. v_P.

ii) Infolge Interdiffusion wird in der Verbindungszone eine stöchiometrisch zusammengesetzte intermetallische Phase gebildet, deren Dichte entweder experimentell bestimmt oder bei Kenntnis der Kristallstruktur gemäß

$$\rho_P = \frac{n_P \cdot \bar{A}}{v_P \cdot N_a} \quad (62)$$

mit

N_a...Avogadrosche Zahl

berechnet wird /169/. Dabei wird für n_P und v_P die Anzahl der Atome pro Elementarzelle bzw. das Volumen der Elementarzelle gesetzt. Die mittlere relative Atommasse der stöchiometrisch zusammengesetzten Legierung $\bar{A}$ wird nach

$$\bar{A} = c_1 A_1 + c_2 A_2 \quad (63)$$

mit

A_1, A_2...relative Atommassen der Komponenten
c_1, c_2...atomare Konzentrationen von Atomen der entsprechenden Komponenten in der Legierung
($c_1 = n_1/n_P$, $c_2 = n_2/n_P$)

bestimmt.

iii) Die Dicke der intermetallischen Phase ist in derselben Größenordnung wie die Dicke der Metallisierungsschicht (ca. 1 µm bei chipseitigen Bondinseln aus Al-Werkstoffen).

Ist das Volumenverhältnis

$$\delta = \frac{v_P}{v_1 + v_2} = \frac{\rho_1 \rho_2}{\rho_P} \cdot \frac{c_1 A_1 + c_2 A_2}{\rho_2 c_1 A_1 + \rho_1 c_2 A_2} \quad (64)$$

ungleich 1, so führt die Volumenänderung infolge Phasenbildung (Volumeneffekt) zu mechanischen Spannungen und es können sich Poren und Mikrorisse bilden.

Das Volumenverhältnis

$$\tau \equiv \frac{V_P}{V_1} = \frac{\rho_1}{\rho_P}\left(1+\frac{c_2 A_2}{c_1 A_1}\right) \qquad (65)$$

entspricht dem Quotienten aus der Schichtdicke der gebildeten intermetallischen Phase und der Dicke der Al-Metallisierungsschicht.

Beide Volumenverhältnisse, δ und τ, sind umgekehrt proportional zur Dicke der gebildeten intermetallischen Phase und werden mit Erhöhung der Konzentration der Komponente mit der größeren Dichte größer ($\rho_1/\rho_P < 1$). Da im Bereich einiger Prozent liegt, ist die Kenntnis der Dichten der Werkstoffe (reine Komponenten und intermetallische Phasen) mit einer hohen Genauigkeit erforderlich. Die experimentell ermittelten Werte für intermetallische Phasen genügen dieser Forderung oft nicht.

Die infolge dieses Volumeneffekts gebildeten Poren sind oft als Kirkendall-Poren gedeutet worden. Nach /168/ wird die Poren- und Rißbildung infolge des Volumeneffekts durch verunreinigte Metallisierungsschichten (Drahtbondbereiche) und ungenügende Verbindungsbildung begünstigt.

5.1.4. Thermisch induzierte Spannungen

Bei Temperaturwechselbelastung von Bondkontakten tritt an den Grenzflächen zweier Komponenten (reine Metalle oder intermetallische Phasen) eine zur Temperaturdifferenz proportionale mechanische Differenzverformung $\Delta\varepsilon$ mit

$$\Delta\varepsilon = (\alpha_1 - \alpha_2)\cdot\Delta T \qquad (66)$$

auf, die umso größer ist, je größer die Differenz der linearen thermischen Ausdehnungskoeffizienten der beiden Komponenten, α_1 bzw. α_2, ist. Diese thermisch induzierten Spannungen führen i. a. zur plastischen Deformation mindestens einer der beiden Komponenten (intermetallische Phasen sind in der Regel schlechter verformbar als reine Metalle). Bei sehr hohen Spannungen können Kontaktabtrennungen auftreten.

5.1.5. Korrosion intermetallischer Phasen ("Pestreaktion")

Der Zerfall intermetallischer Phasen zu Pulver ("Pestreaktion") ist bei einer großen Anzahl von Verbindungen unabhängig von deren Kristallstruktur beobachtet worden /166/. Von WESTBROOK u. a. /166,170/ wurden die Hauptmerkmale einer Pestreaktion zusammengestellt. Danach erfolgt der Zerfall einer intermetallischen Phase nach Wärmebehandlung in einem bestimmten, für jede Phase spezifischen Temperaturbereich (s. unten) und anschließender langsamer Abkühlung in einer reaktiven Atmosphäre (z. B. O_2, N_2, H_2O). Geringe Verunreinigungen oder ein Überschuß des elektropositiveren Elementes können den Zerfall verstärken, während Hochtemperaturglühung und anschließende Abschreckung oder Legierungszusätze ihn verzögern sollen. Die "Pestreaktion" wird also wesentlich durch die Wärmebehandlung (Temperatur, Zeit, Atmosphäre, Abschreckgeschwindigkeit) sowie durch Verunreinigungen und Legierungszusätze beeinflußt.

In /170/ wurde festgestellt, daß die Korngrenzenversprödung eine notwendige Bedingung für die "Pestreaktion" darstellt. Sie tritt nur in langsam abgekühlten Proben, die einen Überschuß der elektropositiveren Komponente enthalten, auf. Das heißt, wenn die Probe oberhalb einer kritischen Temperatur geglüht und danach abgeschreckt wird, so kann die Korngrenzenversprödung bzw. "Pestreaktion" auch nach längerer Raumtemperaturlagerung unterdrückt werden und erfolgt erst nach erneuter Wärmebehandlung. Daraus ließ sich folgendes Modell für die "Pestreaktion" ableiten:

- Bei niedrigen Temperaturen ist die Gasdiffusionsgeschwindigkeit gering. Die Reaktionen der intermetallischen Phase mit einem reaktiven Gas beschränken sich auf oberflächennahe Gebiete.
- In dem Temperaturbereich, in dem die Korngrenzendiffusion schon beträchtlich, die Volumendiffusion jedoch noch vernachlässigbar ist (s. Kap. 4), kommt es zu einer Versprödung der intermetallischen Phase entlang der Korngrenzen. Die resultierenden inneren Spannungen können schließlich ein Auseinandersprengen der Probe entlang der Korngrenzen bewirken.
- Da bei hohen Temperaturen Korngrenzen- und Volumendiffusion i. a. vergleichbare Werte annehmen, werden lokale Versprödungen reduziert.

Die untere Temperaturgrenze der "Pestreaktion" ist also diejenige, bei der in der betrachteten Zeit ein merklicher Massefluß entlang der Korngrenzen erfolgt. Die obere Temperaturgrenze wird durch das Verschwinden der Korngrenzenversprödung bestimmt.

5.1.6. Kontaktkorrosion

An metallischen Kontakten unterschiedlicher Komponenten (Mehrkomponentenkontaktsysteme) kann es in einem korrosiven Umgebungsmedium zu Kontaktkorrosion kommen. Das heißt, das die Anode bildende unedlere Metall korrodiert, während das edlere Metall kaum angegriffen wird. Erste Anhaltspunkte für diesen Korrosionsmechanismus können aus der elektrochemischen Spannungsreihe der Metalle abgeleitet werden.

Erhöhte Temperatur und Stromfluß fördern i. a. die Kontaktkorrosion.

5.1.7. Spannungsrißkorrosion

Bei der Spannungsrißkorrosion (stress corrosion cracking, SCC) erfolgt ein stabiles Wachstum vorhandener Risse infolge der kombinierten Einwirkung von mechanischer und korrosiver Beanspruchung. Sie tritt dann auf, wenn hinreichend große Zugspannungen (bei Bondkontakten in plastverkappten integrierten Schaltkreisen Eigenspannungen) mit einem spezifischen, rißwachstumsfördernden Medium, in dem sich ein kritisches elektrochemisches Potential einstellt, zusammenwirken.

Von JONES /171/ wird eine phänomenologische Beschreibung der Spannungsrißkorrosion vorgenommen, wobei er die Einflußfaktoren in materialspezifische, mechanische und elektrochemische unterteilt. Das Verständnis der physikalisch-chemischen Mechanismen, die zur Spannungsrißkorrosion führen, ist noch sehr gering. Die weitere Entwicklung der analytischen Beschreibung der Spannungsrißkorrosion ist eine wichtige Fragestellung für die Grundlagenforschung.

Die Kinetik der Spannungsrißkorrosion kann mit Hilfe der linearelastischen Bruchmechanik für allmähliches Rißwachstum beschrieben werden /172/. Zwischen der Rißwachstumsgeschwindigkeit da/dt (zeitliche Änderung der Rißlänge) und dem Spannungsintensitätsfaktor K besteht der in Abb. 23 dargestellte Zusammenhang.

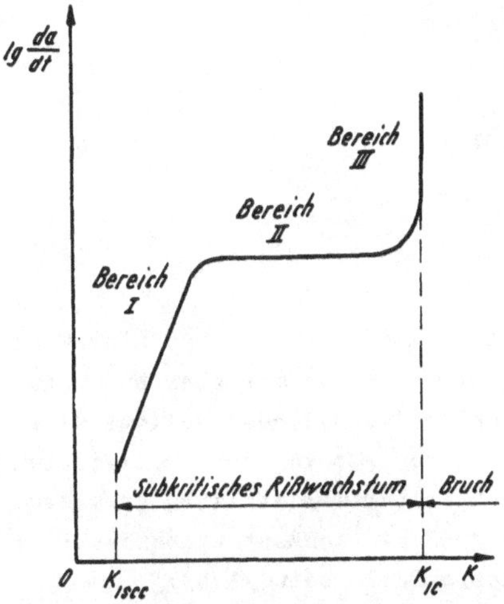

Abb. 23. Zusammenhang zwischen Rißwachstumsgeschwindigkeit da/dt und dem Spannungsintensitätsfaktor K bei Spannungsrißkorrosion

Für das subkritische Rißwachstum als Folge kombinierter mechanischer und elektrochemischer Vorgänge ist es erforderlich, daß der Spannungsintensitätsfaktor K einen vom Werkstoff und vom Umgebungsmedium abhängigen Grenzwert K_{Iscc} erreicht. Nach Überschreiten dieses K_{Iscc}-Wertes steigt die Rißwachstumsgeschwingigkeit zunächst stark an (Bereich I), erreicht danach einen Plateauwert (Bereich II) und nimmt mit Annäherung an die statische Bruchzähigkeit Kc nochmals zu (Bereich III). Während der Bereich III maßgeblich durch die mechanische Komponente bestimmt wird, sind in den Bereichen I und II die elektrochemischen Vorgänge an der Rißspitze von besonderer Bedeutung /173/.

Der Rißverlauf bei mechanisch-korrosiv beanspruchten kristallinen Werkstoffen kann unabhängig von der Entstehungsursache entlang der Korngrenze (intergranulare Spannungsrißkorrosion, IGSCC) oder durch die "ungestörten" einkristallinen Bereiche hindurch (transgranulare Spannungsrißkorrosion, TGSCC) erfolgen.

Die Spannungsrißkorrosion ist bisher vor allem für Baustähle und austenitische Stähle untersucht worden. Für intermetallische Phasen

(z. B. Au-Al- und Cu-Al-Phasen) sind weiterführende experimentelle Untersuchungen, insbesondere bezüglich der die Spannungsrißkorrosion bewirkenden korrosiven Medien, erforderlich.

5.2. Bildung von Substitutionsmischkristallen

5.2.1. Übersicht

Da die Bildung von Einlagerungsmischkristallen i. a. nur bei Elementen mit besonders kleinen Atomradien auftritt, ist für die hier zu diskutierenden binären Systeme mit beschränkter (Cu-Ag) oder vollständiger (Au-Ag, Cu-Au) Mischbarkeit der Einbau von Atomen der zulegierten Komponente durch Substitution von Atomen im Wirtskristall zu erwarten. Damit Substitutionsmischkristalle über größere Konzentrationsbereiche gebildet werden, müssen drei Bedingungen erfüllt sein /174/:

- Beide Komponenten kristallisieren im gleichen Gittertyp.
- Die Atomradien der Komponenten sind annähernd gleich groß.
- Zwischen den Komponenten soll eine gewisse chemische Affinität bestehen. (Ist sie zu groß, so entstehen intermetallische Phasen.)

Diese Bedingungen sind als orientierende Regeln aufzufassen, d. h. man kann aus ihnen nicht unmittelbar ableiten, wann beschränkte und wann vollständige Mischbarkeit auftritt.

In Mehrkomponentenkontaktsystemen, in denen keine intermetallischen Phasen gebildet werden, ist eine Kontaktdegradation infolge des Kirkendall-Effekts (s. Abschnitte 4.2.3. und 4.2.4.), durch thermisch induzierte Spannungen bei stark unterschiedlichen linearen thermischen Ausdehnungskoeffizienten der beiden Kontaktwerkstoffe (s. Abschnitt 5.1.4.) sowie infolge Kontaktkorrosion (s. Abschnitt 5.1.6.) möglich. Alle weiteren, an die Existenz intermetallischer Phasen gebundenen Effekte (s. Abschnitt 5.1.) treten nicht auf.

Der Kontaktwiderstand kann durch Ordnungs-Unordnungs-Vorgänge in Substitutionsmischkristallen (insbesondere bei Bildung von Überstrukturen) merklich verändert werden.

5.2.2. Überstrukturen

Bei speziellen stöchiometrischen Verhältnissen besteht die Möglichkeit, daß der Mischkristall in einen geordneten Zustand mit regelmäßiger Atomanordnung übergeht. Voraussetzung für einen derartigen Ordnungsvorgang bei tiefen Temperaturen ist, daß die Bindungen zwischen ungleichen Atomen stärker sind als die zwischen gleichen.

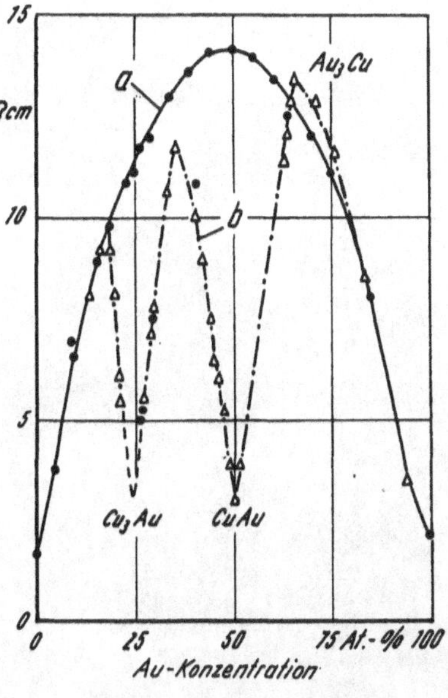

Abb. 24. Konzentrationsabhängigkeit des spezifischen elektrischen Widerstandes beim Auftreten geordneter Atomverteilungen im System Au-Cu (●: von 650 °C abgeschreckt, △: bei 200 °C getempert), aus /175/

Bei entsprechender stöchiometrischer Zusammensetzung von Cu-Au-Legierungen werden unterhalb der kritischen Temperaturen 390 °C, 410 °C bzw. 199 °C die Überstrukturen Cu_3Au, CuAu bzw. $CuAu_3$ gebildet. Während bei Cu_3Au und $CuAu_3$ die kubische Symmetrie gewahrt bleibt, ist die Bildung der CuAu-Überstruktur mit dem Verlust der kubischen Symmetrie verbunden (CuAuI ist tetragonal, CuAuII rhombisch) /144/. Bei Überstrukturen tritt eine erhebliche Verringerung des spezifischen elektrischen Widerstandes auf (s. Abb. 24, aus /175/). Ferner sind die

Elastizitätskonstanten, und damit die Aktivierungsenergie für Platzwechselvorgänge, vom Ordnungsgrad abhängig.

Von KIM /176/ wurde mittels Positronenannihilation ermittelt, daß die Leerstellenkonzentrationen in den geordneten Strukturen Cu_3Au und CuAu bei Raumtemperatur geringer als 10^{-8} sind. Die Leerstellenbildungsenergien in ungeordneten Legierungen wurden mit 1.05 eV in Cu_3Au und 1.00 eV in CuAu bestimmt.

6. MEHRKOMPONENTENKONTAKTSYSTEME MIT INTERMETALLISCHER PHASENBILDUNG

6.1. Das System Au-Al bzw. Al-Au [1]

6.1.1. Zustandsdiagramm

Im Zustandsdiagramm Au-Al /177,178/ (s. Abb. 25) existieren fünf intermetallische Gleichgewichtsphasen ($AuAl_2$, $AuAl$, Au_2Al, Au_5Al_2, Au_4Al) mit den in Tab. 5 angegebenen Zusammensetzungen. Die Homogenitätsbereiche aller intermetallischen Au-Al-Phasen sind sehr schmal.

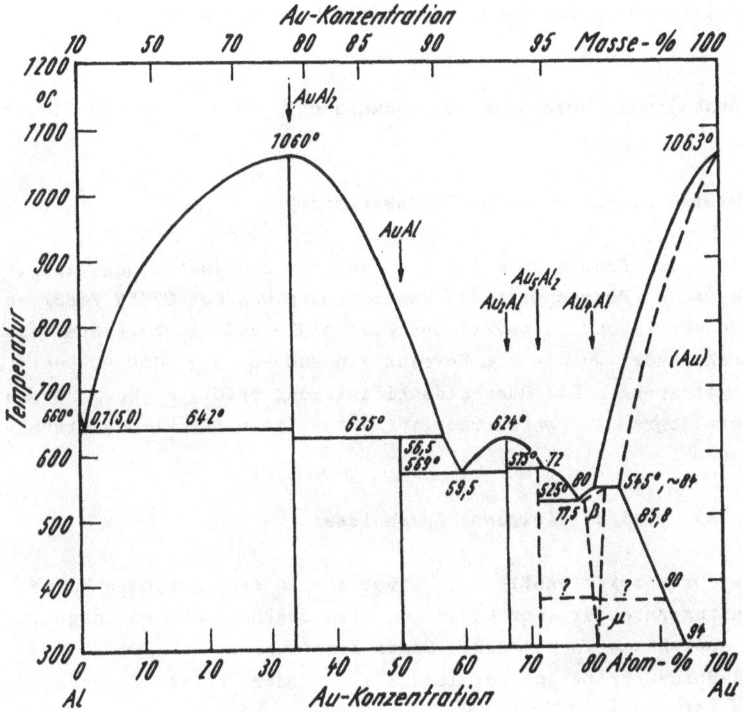

Abb. 25. Zustandsdiagramm Au-Al, nach /177,178/

[1] Die Komponente vor dem Bindestrich ist der Bonddrahtwerkstoff.

Im Gegensatz zur guten Löslichkeit von Al in Au besitzt Au in Al nur eine sehr geringe Löslichkeit im festen Zustand (etwa 0.7 Atom-% Au bei 642 °C /179/).

6.1.2. Eigenschaften der intermetallischen Phasen

Die fünf intermetallischen Au-Al-Phasen unterscheiden sich deutlich hinsichtlich ihrer optischen, elektrischen und mechanischen Eigenschaften (s. Tab. 5). Besondere Beachtung erfordern die deutliche Erhöhung des spezifischen elektrischen Widerstandes sowie der Härte und Sprödigkeit der intermetallischen Au-Al-Phasen gegenüber den reinen Komponenten, sowie die linearen Ausdehnungskoeffizienten.

6.1.3. Phasenbildung, -wachstum und -umwandlung; Poren- und Rißbildung

6.1.3.1. Untersuchungen an Au/Al-Diffusionsproben

Als grundlegende Arbeit zu Bildung, Wachstum und Umwandlung intermetallischer Au-Al-Phasen gilt die Untersuchung von PHILOFSKY /183/ an Au/Al-Diffusionsproben. Stoßverschweißte Al3N- und Au3N-Drähte von 650 µm Durchmesser wurden im Bereich von 200 °C bis 450 °C unter Schutzgas getempert. Die Phasenidentifizierung erfolgte über deren Lage am metallographischen Querschliff und mittels Elektronenstrahlmikroanalyse.

PHILOFSKY /183/ erzielte folgende Ergebnisse:

- Die $AuAl_2$-Phase tritt häufig auf, aber nur in sehr geringen Mengen. Die Wachstumsrate ist sehr klein und wird oberhalb 400 °C negativ, weil die AuAl-Phase in die $AuAl_2$-Phase hineinwächst.
- Die AuAl-Phase tritt nur bei langzeitiger oder hoher Temperaturbelastung auf.
- Die Au_2Al-Phase bildet sich nach verzögertem Wachstumsbeginn mit der zweithöchsten Wachstumsrate.
- Die Au_5Al_2-Phase ist die dominierende Phase bei allen Diffusionsproben. Sie hat die größte Wachstumsrate.
- Die Au_4Al-Phase ist eine immer vorhandene, langsam wachsende Phase.

Tab. 5 Eigenschaften intermetallischer Au-Al-Phasen

Phase	Chemische Zusammensetzung /Atom-% Au	Kristallstruktur /178, 180/			Optische Eigenschaften	Elektrische Eigenschaften	Mechanische Eigenschaften		
		Kristallsystem	Strukturbericht	Raumgruppe	Farbe /167/	Spez. elektr. Widerstand /$10^{-8}\Omega$ m /181/	Dichte /gcm^{-3} /182/	Vickershärte /Nmm^{-2} /181/	Lin. therm. Ausdehnungsk. /$10^{-5}K^{-1}$ /181/
Al	0.0 - 0.06	kubisch	A1	Fm3m	weiß	2.65 2.5 /144/	2.70 /144/	200 (weichgeglüht)	2.3 ... 2.4 /151/
$AuAl_2$	32.9 - 33.9	kubisch	C1	Fm3m	violett ("Purpurphase")	7.9	7.5	2630	0.94
AuAl	50.0	monoklin	B31	$P2_1/m$	weißgrau	12.4	10.7	2490	1.20
Au_2Al	65.1 - 66.7	rhombisch	?	Pnmn bzw. Pnma	gelbbraun	13.1	13.7	1300	1.26
Au_5Al_2	71.43	rhombisch	?	?	braun	25.5	14.9	2710	1.40
Au_4Al	80.0 - 81.2	kubisch	?	$P4_132$	graubraun	37.5	16.2	3340	1.19
Au	84.0 - 100.0	kubisch	A1	Fm3m	gelb	2.35 2.06 /144/	19.3 /144/	600 (weichgeglüht)	1.42

PHILOFSKY /183/ stellte fest, daß bei Temperung die Gesamtschicht der intermetallischen Au-Al-Phasen um den Faktor 2.5 weiter in Au- als in Al-Richtung wächst und führte das auf das Überwiegen der Au-reichen Phasen, insbesondere Au_5Al_2, zurück. Diese Tatsache gilt jedoch nur bei uneingeschränktem Materialangebot. Wird einer der beiden Werkstoffe der Diffusionspaarung verbraucht, so wird das weitere Schichtdickenwachstum in Richtung des nicht verarmten Diffusionspartners im wesentlichen durch die Wachstumsraten der Au-reichsten Au_4Al-Phase bzw. der Al-reichsten $AuAl_2$-Phase bestimmt, je nachdem, ob Al oder Au verarmt ist. Dies ist in Übereinstimmung mit einer Reihe weiterer experimenteller Untersuchungen (s. Abschnitte 6.1.3.2. und 6.1.3.3.).

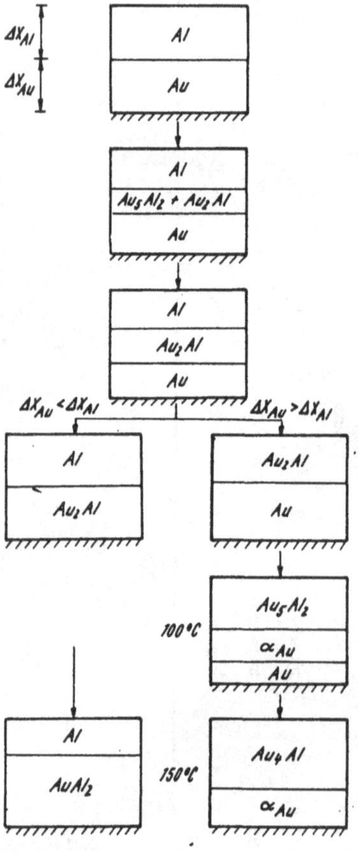

Abb. 26. Phasenbildungskinetik in Au/Al-Dünnfilmsystemen, aus /184/

Systematische röntgendiffraktometrische Untersuchungen zur Phasenbildungskinetik in Au/Al-Dünnfilmsystemen (schematische Darstellung s. Abb. 26) erfolgten von CAMPISANO u. a. /184/. Danach werden unabhängig vom Materialangebot ursprünglich die intermetallischen Phasen Au_5Al_2 und Au_2Al gebildet, wobei sich bei höheren Temperaturen die Au_5Al_2-Phase auch in Au_2Al umwandelt. Bei Au-Verarmung wandelt sich diese Phase in die Al-reiche $AuAl_2$-Phase um, bei Al-Verarmung erfolgt eine Umwandlung in Au-reiche Phasen, d. h., bei Temperaturen $\vartheta \geq 100$ °C wird die Au_5Al_2-Phase gebildet und bei Temperaturen $\vartheta \geq 150$ °C die Au_4Al-Phase.

Röntgendiffraktometrische in situ Experimente an Kompakt- und Dünnschichtpaarungen des Systems Au/Al wurden in einem großen Temperaturbereich von VANDENBERG u. a. /185-187/ durchgeführt und durch lichtoptische Mikroskopie und Elektronenstrahlmikroanalyse ergänzt. Abb. 27 zeigt schematisch die bei kontinuierlicher Erwärmung von Raumtemperatur auf 500 °C nachgewiesenen Au-Al-Phasen, wobei Dünnschichtpaarungen verwendet wurden, die einer Gesamtzusammensetzung von 0 bis 20 Atom-% Al entsprechen. Mit Erhöhung der Temperatur werden schrittweise die von CAMPISANO u. a. /184/ für den Fall der Al-Verarmung angegebenen Au-reichen intermetallischen Phasen gebildet. Für $\vartheta \geq 250$ °C tritt eine Au-reiche feste Lösung α_{Au} auf. Das ist in Übereinstimmung mit dem Zustandsdiagramm (s. Abschnitt 6.1.1.), wonach z. B. bei 500 °C die maximale Löslichkeit von Al in Au ca. 15 Atom-% Al beträgt.

Der Au-reiche Mischkristall entsteht im angegebenen Temperaturbereich durch Volumendiffusion, die so schnell verläuft ($D_{Al}(\alpha_{Au}) = 8 \cdot 10^{-14}$ cms^{-1} für $\vartheta = 350$ °C /186/), daß die Korngrenzenwanderung verhindert wird. Diese rasche Volumendiffusion von Al in Au wird in /187/ mit dem anomal niedrigen Elastizitätsmodul von Au gegenüber vielen anderen Metallen (Diese Größe ist für Au im Vergleich zum Cu ca. 40 % geringer /188/, s. Tab. 1), sowie mit der geringen Differenz der Atomradien von Au und Al ($R_{Al} = 1.43$ Å, $R_{Au} = 1.46$ Å; zum Vergleich $R_{Cu} = 1.28$ Å) und der damit verbundenen geringen Aktivierungsenergie Q (vor allem hervorgerufen durch kleines ΔH_{LW}, s. Abschnitt 4.3.) begründet. Der Vergleich der Diffusion von Al in Au und Cu ergibt $Q_{Al/Au} = 1.4$ eV /189/ bzw. $Q_{Al/Cu} = 2.0$ eV /190/, wobei $\Delta H_{LW(Al/Au)} \approx 1/2 \cdot \Delta H_{LW(Al/Cu)}$ ist.

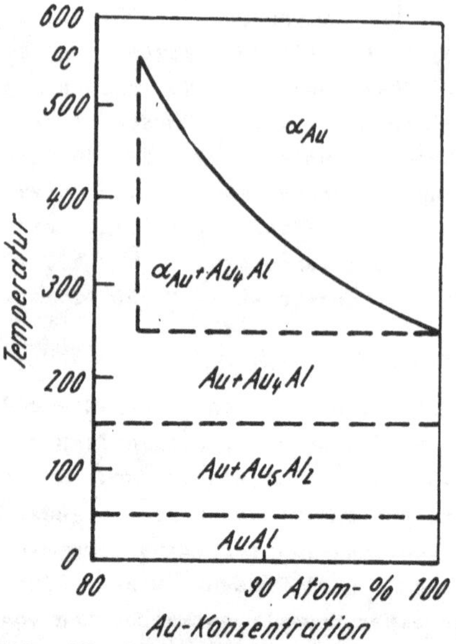

Abb. 27. Schematische Darstellung der Au-Al-Phasenbildung bei hohem Au-Gehalt, aus /187/

Mittels Hochtemperatur-Transmissionselektronenmikroskopie an Au/Al-Dünnschichtpaarungen wurde durch FOURACRE /191/ in einem Temperaturbereich zwischen 120 °C und 180 °C die Dominanz der Volumendiffusion gegenüber der Korngrenzendiffusion bestätigt. Es wurde nur die Au_2Al-Phase nachgewiesen, d. h. die Wärmebehandlung hat noch nicht zur Verarmung eines der beiden Werkstoffe geführt bzw. die Umwandlung in die Endphasen hat noch nicht stattgefunden (s. Abb. 26).

Literaturangaben zu mittleren Aktivierungsenergien für das Phasenwachstum Q_P (s. Abschnitt 4.6.3.) in Au/Al-Proben sind in Tab. 6 zusammengestellt. Es ist ersichtlich, daß diese Aktivierungsenergien Q_P von der Geometrie abhängen (für Dünnschichtproben am größten), jedoch lassen die geringen Wertebereiche für Dünnschichtproben und Bondkontakte keine Gefügeabhängigkeit erwarten. Das unterstützt die Feststellung, daß die Diffusion an Korngrenzen und Versetzungen gegenüber der Volumendiffusion vernachlässigbar ist.

Tab. 8. Mittlere Aktivierungsenergien für Phasenbildung

Autor		Probengeometrie	ϑ-Bereich/°C	Q_P/eV
PHILOFSKY	/183/	Kompaktproben	200-450	0.69
WEAVER	/192/	Dünnschichtproben	20-200	1.0
SCHNABLE	/193/	"	175-200	1.04
TAKAI	/194/	"	?	0.9
WEAVER	/195/	"	50-130	0.94
CAMPISANO	/184/	"	100-200	0.93
DEN BROEDER	/187/	"	300-450	1.4
FOURACRE	/191/	"	400-550	1.1
ONISHI	/196/	kompaktes Au, dünne Al-Schicht	?	0.74
COLTERYAHN	/197/	Bondkontakte Au/Al	330-490	0.67
CHEN	/198/	"	165-250	0.56
ANDERSON	/199/	"	?	0.7...0.9
PETERSEIM	/200/	"	100-200	0.58
ONUKI	/201/	"	20-200	1.0
KASHIBAWARA	/167/	Bondkontakte Al/Au	300-450	0.78

Eine Zusammenstellung von optischen Eigenschaften sowie theoretischen und experimentellen Ergebnissen zur Elektronenstruktur der "Purpurpest"-Phase $AuAl_2$ wurde in /202/ vorgenommen.

Von PHILOFSKY /183/ wurden nach Hochtemperaturlagerung der Kontaktproben auch Poren beobachtet, bevorzugt zwischen dem Au und den intermetallischen Au-Al-Phasen. In /183/ wird der Kirkendall-Effekt als Ursache genannt, da Al schneller durch die $AuAl_2$-Phase in das Au diffundiert als Au in das Al. Dieser Effekt spielt zwar für die Bildung von Poren und eventuell auftretenden Mikrorissen eine entscheidende Rolle, jedoch nicht die alleinige. Poren und Mikrorisse an den Phasengrenzen können auch durch den "Volumeneffekt" (s. Abschnitt 5.1.3.) sowie infolge unterschiedlicher thermischer Ausdehnungskoeffizienten der intermetallischen Phasen und der reinen Komponenten (s. Abschnitt 5.1.4.) erzeugt werden. Diese Poren und Mikrorisse stellen Senken für Leerstellen dar, und werden größer.

Die Anwesenheit von Si soll Bildung und Wachstum der $AuAl_2$-Phase beschleunigen bzw. zur Bildung einer ternären Au-Al-Si-Phase führen /183,203-206/, ebenso das Zulegieren von Cu in das Al /200/. Inwieweit die Legierungszusätze Si und Cu direkt die Interdiffusion sowie Phasenbildung und -wachstum im Kontaktsystem Au/Al beeinflussen oder indirekt über Gefügeveränderungen im Al-Werkstoff wirken, ist noch nicht geklärt (s. Abschnitt 6.1.3.2.).

6.1.3.2. Untersuchungen an realen Au/Al-Bondkontakten

Das Kontaktsystem Au/Al (bzw. Al/Au) ist das in der Mikroelektronik am häufigsten auftretende Mehrkomponentenkontaktsystem mit intermetallischer Phasenbildung. Die praktische Erfahrung zeigt, daß mittels TC/TS-Kugel-Keil-Bonden mit Au-Mikrodraht hergestellte Au/Al-Bondkontakte - und ebenso beim US-Keil-Keil-Bonden mit AlSi1-Mikrodraht entstehende Al/Au-Bondkontakte (s. Abschnitt 6.1.3.3.) - "sichere" Werkstoffkombinationen verkörpern, d. h. deren Zuverlässigkeit genügt i. a. den Erfordernissen der Bauelementehersteller und -nutzer (kurzzeitige thermische Belastung beim TC/TS-Drahtbonden im Temperaturbereich zwischen 200 °C und 350 °C, thermische Langzeitbelastung bei maximal 150 °C). Für die weitere Erhöhung der werkstoffphysikalischen Zuverlässigkeit des Kontaktsystems Au/Al und den Vergleich mit anderen Mehrkomponentenkontaktsystemen, z. B. Cu/Al, sind jedoch das Verständnis der festkörperphysikalischen Prozesse und des Zusammenhanges zur Degradation von Au/Al-Bondkontakten erforderlich.

Die experimentellen Befunde zur Phasen- und Porenbildung in Au/Al TC/TS-Kugel-Bondkontakten sind recht widersprüchlich (s. Tab. 7). Daraus resultieren sehr unterschiedliche Auffassungen zur Kinetik der Kontaktdegradation sowie zu deren Einflußfaktoren.

Frühere Arbeiten /208-210/ machen insbesondere die Bildung der spröden Purpurphase $AuAl_2$ für die unter Temperatureinwirkung beobachtete Kontaktdegradation an realen Au/Al-TC-Bondkontakten verantwortlich. Die angebliche "Pestreaktion" wurde unter dem Namen "Purpurpest" (purple plague) bekannt. Eine Reihe von Untersuchungen /197,209,210/ weisen das Auftreten der Au-reichen Phasen Au_4Al, Au_5Al_2 und Au_2Al nach und führen diese auf das überwiegende Au-Angebot und die Al-Verarmung an realen Au/Al-TC-Bondkontakten zurück (mitunter wurde die gesamte Al-

Tab. 7. Phasen- und Porenbildung an realen Au/Al-TC/TS-Kugel-Bondkontakten

Autor	Jahr	$AuAl_2$	AuAl	Au_2Al	Au_5Al_2	Au_4Al	Poren	ϑ/°C
		Phasen						
BERNSTEIN /207/	1961	x						200-300
MC KINNON /208/	1963	x						200-300
SELIKSON /203/	1964	x						300
BROWNING /209/	1964			x	x	x		?
CUNNINGHAM /210/	1965					x		200-300
COLTERYAHN /197/	1965			x	x	x		?
SKLADNIKIEWITZ /211/	1973	x	x	x	(x)	(x)	x	250-500
KALMAR /212/	1979	x					x	?
CLATTERBAUGH /213/	1984	x		x	x	x	x	200-250
GERLING /214/	1984	(x)	(x)	(x)	(x)	(x)	x	150-300
PETERSEIM /200/	1986	x			x	x	x	100-250
ONUKI /201/	1987	x	x	x	x	x	x	20-200

Metallisierung bereits während des Bondvorganges aufgebraucht). Die Abhängigkeit der Phasenbildung vom Materialangebot (im speziellen Fall Al) wird auch durch ergänzende Untersuchungen, bei denen Au-Bondkugeln auf Al-Blech bzw. Al-Folie TC-gebondet wurden /200,206/, deutlich. In diesen Fällen, d. h. bei uneingeschränktem Al-Angebot, sind alle fünf intermetallischen Au-Al-Phasen nachweisbar.

Umfangreiche Untersuchungen, die dem komplexen Charakter der Kontaktdegradation an Au/Al-TC-Bondkontakten Rechnung tragen, führten erstmals COLTERYAHN und KERSEY /197/ unter Einsatz metallographischer Methoden, Elektronenstrahlmikroanalyse und Röntgenbeugung durch. Sie bringen den Ausfall von Bondkontakten mit Phasenbildung, -wachstum und -umwandlung sowie den mechanischen Eigenschaften der Au-reichen intermetallischen Phasen in Zusammenhang, diskutieren jedoch noch zwei weitere Phänomene: Mikrorisse an der Phasengrenzfläche Au_4Al/Au_5Al_2, die sie auf Gitterfehlanpassungen der intermetallischen Phasen zurückführen, sowie Poren infolge des Kirkendall-Effekts.

Neuere Arbeiten /200,212-218/ halten die Porenbildung an den Kontakten für den kritischsten Ausfallmechanismus. Mit der Begründung, daß die Existenz intermetallischer Au-Al-Phasen in keinem direkten Zusammenhang zur Degradation der Bondkontakte steht (s. z. B. /217/), werden in einigen Arbeiten (z. B. /214,217/) keine Aussagen darüber gemacht, welche Phasen sich bilden. Da die Interdiffusionskoeffizienten und damit auch der resultierende Leerstellenstrom im Kontakt, der den Kirkendall-Effekt bewirkt, phasenspezifisch sind (s. Abschnitt 4.6.3.) kommt der Phasenbildungskinetik dennoch große Bedeutung zu.

Die Kinetik von Phasen- und Porenbildung wurde von PETERSEIM /200/ detailliert untersucht. Die Charakterisierung der Au/Al-Bondkontakte unmittelbar nach dem Bonden zeigte stets eine geschlossene Au_5Al_2-Phasenschicht sowie geringe Mengen Au_4Al unter der Au-Kugel. Die $AuAl_2$-Phase bildet einen schmalen Saum unmittelbar am Al entlang der Kontaktperipherie, bei Al-Schichtdicken über 1.2 µm auch unterhalb des Bondkontaktes entlang der Phasengrenze zum Al (s. Abb. 28).

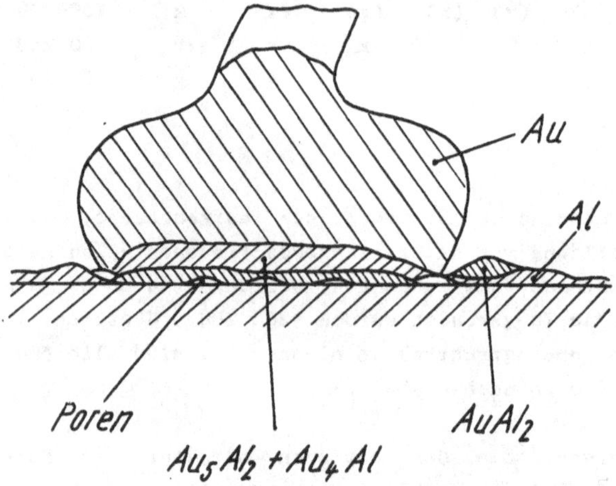

Abb. 28. Lokale Anordnung der intermetallischen Au-Al-Phasen und Poren bei Au/Al-Bondkontakten, aus /213/

Die infolge thermischer Belastung an den Bondkontakten ablaufenden Prozesse teilt PETERSEIM /200/ in drei Stadien ein:

i) Wachstum der Au_5Al_2-Phase

Noch vorhandenes Al wird in Au_5Al_2 umgewandelt und führt demzufolge zu einer Phasendickenzunahme. Ein Wachstum der an der Kontaktperipherie vorliegenden $AuAl_2$-Phase wird nicht beobachtet.

ii) Umwandlung der Au_5Al_2-Phase in die Au_4Al-Phase

Die Au_5Al_2-Phase wird sukzessive in die Au_4Al-Phase umgewandelt und führt zu einer Au_5Al_2/Au_4Al-Doppelschicht unter der Au-Kugel, wobei sowohl der Au_4Al-Anteil als auch die Gesamtphasendicke mit der Zeit zunehmen.

iii) Poren- und Rißbildung an der Grenzfläche Au/Au_4Al (Verschleißperiode)

Die gesamte Phasenschicht unter dem Kontakt besteht aus der Aureichsten Au_4Al-Phase, deren Dicke konstant bleibt. An der Kontaktperipherie wächst ein Phasensaum, der vor allem aus der Alreichen $AuAl_2$-Phase besteht, aber auch Au_4Al-, Au_5Al_2- und Au_2Al-Phasenanteile hat. Dieser Prozeß führt zu einer zunehmenden Verarmung in der den Bondkontakt umgebenden Metallisierungsschicht und nachfolgend zum Kontaktausfall.

Insgesamt kann festgestellt werden, daß die Degradation von Au/Al-TC/TS-Kontakten bei Temperaturlagerung durch eine Abfolge von Interdiffusions- sowie Phasenbildungs-, -wachstums- und -umwandlungsprozessen gekennzeichnet ist, wobei in der "Verschleißperiode" Anhäufungen von Poren und das Entstehen von Rissen die zum Ausfall führenden Mechanismen darstellen /182,200,213-216,219/. Poren entstehen nach PHILOFSKY /215,216/ sowie CLATTERBAUGH u. a. /213/ vor allem in der $AuAl_2$-Phase (nahe der Grenzfläche zum Al) und in der Au_5Al_2-Phase (an der Grenzfläche zur Au_4Al-Phase). Die lokale Anordnung der intermetallischen Phasen und Poren ist in Abb. 28 schematisch dargestellt.

Die Degradation infolge Al-Interdiffusion in den $AuAl_2$-Phasensaum ist von der Dicke der Al-Metallisierungsschicht abhängig. Bei der

Dünnschichttechnik mit Al-Schichtdicken von ca. 1 µm ist die Kontaktunterbrechung an der Peripherie des Bondkontakts offensichtlich die wahrscheinlichste Ausfallursache /200,214/. Diese Feststellung wird durch die von PETERSEIM /200/ für die "Verschleißperiode" bestimmte Aktivierungsenergie von $Q = (0.92 \pm 0.12)$ eV, die mit der Aktivierungsenergie der Al-Interdiffusion in $AuAl_2$ /195/ sehr gut übereinstimmt, unterstützt.

Die Bildung von Poren und Mikrorissen führt einerseits zu einer drastischen Reduzierung der mechanischen Festigkeit der Bondkontakte, andererseits zu einer Erhöhung des Kontaktwiderstandes /182,198,200,14,219,220/. Scherkraftmessungen sind nach /200,214,219,221/ für die Beurteilung der Haftfestigkeit der Bondkontakte am besten geeignet.

In der Literatur sind sehr unterschiedliche Kriterien für den Ausfall eines Bondkontaktes verwendet worden. Nach einer komplexen Untersuchung der Korrelation zwischen der Festigkeitsänderung eines Au/Al-TS-Kugel-Bondkontaktes und der Änderung des Kontaktwiderstandes wurde von BLISH u. a. /219,220/ eine Widerstandserhöhung von $\Delta R^{BK} = 20$ mΩ pro Bondkontakt als Ausfallkriterium definiert, wobei eine Degradation des Bondkontaktes bereits im Bereich 4 mΩ $\leq \Delta R^{BK} \leq$ 20 mΩ (s. Abschnitt 8.4.4.) erfolgt. Widerstandsanstiege in dieser Größenordnung sind allein mit dem höheren spezifischen elektrischen Widerstand der intermetallischen Au-Al-Phasen, wie es CHEN /198/ versuchte, nicht erklärbar. Das heißt, der Widerstand wird vor allem durch eine Verkleinerung der realen Kontaktfläche, insbesondere durch Poren und Mikrorisse, deren Vergrößerung infolge Spannungsrißkorrosion (s. Abschnitt 5.1.7.) möglich ist, erhöht.

Ausgehend von der Korrelation zwischen der Dicke der Au-Al-Phasenschicht und der mechanischen Festigkeit des Au/Al-TS-Kugel-Bondkontaktes wurde von ONUKI u. a. /201/ eine kritische Phasenschichtdicke von 7 µm (Reduzierung der Haftfestigkeit auf 50 % des Wertes im Ausgangszustand, d. h. ohne ausgedehnte intermetallische Phasen) als Ausfallkriterium festgelegt. Die Reduzierung der Festigkeit mit wachsender Au-Al-Phasenschichtdicke wird in /201/ (bei Vorhandensein aller fünf Gleichgewichtsphasen) wegen ihrer hohen Wachstumsrate /183/ vor allem auf die Au_5Al_2-Phase zurückgeführt. Nach obigen Ausführungen ist jedoch das Auftreten von Kirkendall-Poren in dieser intermetallischen Phase der entscheidende, die Festigkeit reduzierende Effekt.

Tab. 8. Dicke der Au-Al-Phasenschicht in µm (nach /201/)

t/h ϑ/°C	100	1000
120	0.3	1.0
150	2.5	8.0
200	4.0	13.0

Ausgehend von den in Tab. 8 angegebenen Au-Al-Phasenschichtdicken läßt sich z. B. für eine Temperaturlagerung bei 150 °C eine kritische Ausfallzeit für Au/Al-Bondkontakte von ca. 1000 h ermitteln.

Neben den in diesem Abschnitt und in Abschnitt 6.1.3.1. diskutierten Punkten wird die Kinetik von Phasen- und Porenbildung und damit die Kontaktdegradation durch folgende Faktoren beeinflußt:

- Legierungselemente in (mindestens) einem der beiden Kontaktwerkstoffe
- Gefüge der beiden Kontaktwerkstoffe
- Geometrie, insbesondere von Leitbahn und Bondinsel
- Verkappungsmaterial.

Der Einfluß von Legierungselementen auf die Zuverlässigkeit des Kontaktsystems Au/Al beim TC/TS-Drahtbonden wurde vor allem für die Metallisierungsschicht untersucht. Legierungszusätze zur Al-Metallisierung (Cu /222-228/, Si /229,230/ sowie Cu und Si /230-232/) erfolgten primär zur Reduzierung der Elektromigration in Leitbahnen (s. Abschnitt 3.3.). Ferner kann Si am Kontakt infolge Diffusion vom Substrat her auftreten. Von COLTERYAHN u. a. /197/ wurden an Au/Al-TC-Bondkontakten, die teilweise auf Si bzw. SiO_2 gebondet wurden, nur sehr geringe Differenzen im Phasenwachstum festgestellt. KALMAR /212/ stellte eine Verbesserung der Kontakteigenschaften durch feinkörnige, gleichförmige Phasenausbildung bei AlNi-Metallisierungen fest.

Die Geometrie von Bondinsel bzw. Leitbahn (s. Abschnitt 3.3.) hat bei Au/Al-Bondkontakten keinen Einfluß auf den qualitativen Ablauf von Phasenbildung, -wachstum und -umwandlung. Es wurden diesbezüglich keine Unterschiede zwischen Bondkontakten auf ganzflächig metallisierten Chips und auf Bondinseln strukturierter Chips festgestellt. Jedoch ist die Al-Verarmung an der Kontaktperipherie (s. oben) und an Korngrenzen der Al-Metallisierung bei strukturierten Proben wesentlich ausgeprägter als bei ganzflächig metallisierten Chips /200/.

Bei Temperaturen bis 250 °C erfolgt der Transport von Al-Atomen in die Phasenschicht des Bondkontakts über Korngrenzendiffusion /233/. Das heißt, obwohl die Al-Interdiffusion in den Au-reichen Mischkristall durch Volumendiffusion bestimmt wird (s. Abschnitt 6.1.3.1.), erfolgt der "Nachschub" von Al-Atomen durch Korngrenzendiffusion. Die Verarmung der Al-Metallisierungsschicht entlang der Korngrenzen, die bei strukturierten Proben forciert auftritt, erfolgt infolge der diffusionsinduzierten Agglomeration der in aufgedampften Schichten in großer Zahl enthaltenen Leerstellen /234-236/ an energetisch bevorzugten Bereichen (z. B. Korngrenzen und Korngrenzentripelpunkten) zu Mikroporen /237-242/, die im weiteren Verlauf der Interdiffusion wachsen. Das ist auch die Ursache für Leitbahnunterbrechungen infolge Elektromigration /243,244/ (s. Abschnitt 3.3.).

Der Transport von Al-Atomen in der Leitbahn wird durch deren Textur beeinflußt. Atomare Transportprozesse laufen i. a. in stark texturierten Schichten langsamer ab als in statistisch orientierten Feinkornschichten. Die für die Reduzierung der Degradation des Bondkontaktes einerseits und der elektromigrationsinduzierten Leitbahnunterbrechung andererseits günstigen Schichteigenschaften (d. h. Texturausprägung) widersprechen sich jedoch. Zur Erhöhung des Elektromigrationswiderstandes ist eine stark texturierte Metallisierungsschicht vorteilhaft /244-246/, aber nicht für die Verbesserung der Leitbahnstabilität in der Umgebung von Au/Al-TC/TS-Bondkontakten. In einer derartigen Al-Schicht würde die hohe Interdiffusionsgeschwindigkeit des Al in die $AuAl_2$-Phase bei ungenügendem Al-Angebot zu stärkeren Verarmungserscheinungen in der Nähe der Kontaktperipherie und damit zum früheren Ausfall führen. In statistisch orientierten, feinkörnigen Al-Schichten kann wegen der größeren Diffusionsgeschwindigkeit der Al-Atome mehr Al an die Phasengrenze zum $AuAl_2$ transportiert werden und die starke Al-Verarmung wird verhindert bzw. reduziert.

In einer Reihe von Arbeiten wurde der Einfluß der Plastverkappung auf die Zuverlässigkeit von Au/Al-TC/TS-Bondkontakten untersucht /130,131,219,220,247-249/. Es wurde nachgewiesen, daß erhöhte Br^-- und Cl^--Konzentrationen im Epoxydharz die Degradation der Bondkontakte beschleunigen /130,131,201,220,237/. Von GUSTAFSSON und LINDBERG /131/ wurde an Au/Al-Bondkontakten integrierter Schaltkreise in Epoxydharzverkappung mit erhöhtem Cl^--Anteil (ca. 70 ppm Cl) gegenüber analogen in Epoxydharzverkappungen mit geringerem Cl^--Anteil (ca. 10 ppm Cl) nach Feuchtelagerung (85 % rel. Feuchte, ϑ = 85 °C, t = 12000 h) eine verstärkte Porenbildung beobachtet.

Im Vergleich zur Korrosion an Al-Leitbahnen (s. Abschnitt 3.3.) wird der Korrosionsprozeß an Au/Al-Bondkontakten durch die Differenz der elektrochemischen Potentiale dieser beiden Metalle, die ein "galvanisches Element" bilden (s. Abschnitt 5.1.6.), zusätzlich beeinflußt. Diese Potentialdifferenz wirkt als Triebkraft für die Oxidation des unedleren Metalls (Al im Falle des Au/Al-Kontakts) und kann den Korrosionsprozeß beschleunigen. Die Au/Al-Bondkontakte sind des weiteren Bereiche erhöhter Cl^--Konzentration, da infolge der Reduktionsreaktion von Cl_2 an der Au-Elektrode Cl^--Ionen gebildet werden.

Ferner ist eine forcierte Korrosion an Rissen (Spannungsrißkorrosion) sowie infolge ungleichmäßiger Oxidschichten im Kontaktbereich denkbar.

Eine interessante Möglichkeit zur Erhöhung der Zuverlässigkeit von Au/Al-TC/TS-Bondkontakten wurde von ESAYAN u. a. /250/ vorgeschlagen. Zwischen Au-Kugel und der Al-Metallisierung soll eine dünne Cu-Schicht aufgebracht werden. Unabhängig von technologischen Problemen bei der Realisierung dieses Vorschlages enthält dieser jedoch indirekt, daß die Zuverlässigkeit der Kontaktsysteme Au/Cu und Cu/Al höher ist als die des Kontaktsystems Au/Al (s. auch Abschnitte 6.2.3.1. und 6.2.3.2.).

6.1.3.3. Untersuchungen an realen Al/Au-Bondkontakten

Das bei der Kontaktierung integrierter Schaltkreise im Mehrschichtkeramikgehäuse mit AlSi1-Mikrodraht (US-Keil-Keil-Bonden mit Schräglochsonotrode) bei Verwendung vergoldeter Trägerstreifen entstehende Kontaktsystem Al/Au hat große praktische Bedeutung erlangt. Bei optimaler Kontaktgeometrie und bei geeigneter Wärmebehandlung (s. unten) erreichen die Al/Au-Bondkontakte eine sehr hohe Zuverlässigkeit /167,251-253/.

Die in Abschnitt 6.1.3.2. für Au/Al-Bondkontakte beschriebenen Prozesse sind wegen der unterschiedlichen Vorgänge bei der Verbindungsbildung (Art der Energiezuführung), der unterschiedlichen Werkstoff- und Oberflächenstrukturen, der anderen geometrischen Verhältnisse (Materialangebot der Bondpartner) und vor allem infolge des unterschiedlichen Temperaturregimes nicht übertragbar.

Von KASHIWABARA und HATTORIE /167/ wurde nach Temperung der Al/Au-US-Keil-Bondkontakte im Temperaturbereich zwischen 300 °C und 450 °C die Bildung von drei intermetallischen Au-Al-Phasen festgestellt. An den Al-Draht schließt sich die Al-reiche $AuAl_2$-Phase an, und danach die Phasen AuAl und Au_2Al. Die Au-reichen Phasen Au_5Al_2 und Au_4Al wurden nicht beobachtet. Zwischen den Phasen AuAl und Au_2Al sowie der Au-Schicht bilden sich Risse, die nur dann zu einer wesentlichen Erhöhung des Kontaktwiderstandes führen, wenn die Phasenschicht noch nicht bis zum Grundmaterial durchgewachsen ist (s. Abb. 29). Das heißt, die Degradation des Bondkontakts wird vor allem durch die Größe der realen Kontaktfläche und die Dicke der Au-Metallisierung bestimmt. Dünnste Au-Schichten und große reale Kontaktflächen ermöglichen ein schnelleres und gleichmäßigeres Durchwachsen der Phasenschicht zum Grundmaterial. Das Durchwachsen der Au-Al-Phasenschicht durch die Au-Metallisierung wird bei integrierten Schaltkreisen im Mehrschichtkeramikgehäuse i. a. durch eine Wärmebehandlung in Verbindung mit Prozeßschritten, die nach dem Drahtkontaktieren folgen (z. B. Gehäuseverschluß), erreicht.

KASHIWABARA und HATTORIE /167/ und KATO /168/ nennen den "Volumeneffekt" als Ursache für die Rißbildung bei nicht durchgewachsener Au-Al-Phasenschicht in Al/Au-Bondkontakten und beziehen sich dabei vor allem auf eine besonders drastische Volumenänderung infolge Bildung und Wachstum der AuAl-Phase (diese ist bei Au/Al-TC/TS-Bondkontakten nur von SKLADNIKIEWITZ und RICHLING /211/ und ONUKI /201/ beobachtet worden und hat, wenn sie bei Au/Al-Bondkontakten überhaupt auftritt, eine geringe Ausdehnung). Jedoch ist die in /167,168/ angegebene Volumenänderung infolge Au/Al-Phasenbildung viel zu groß (s. unten).

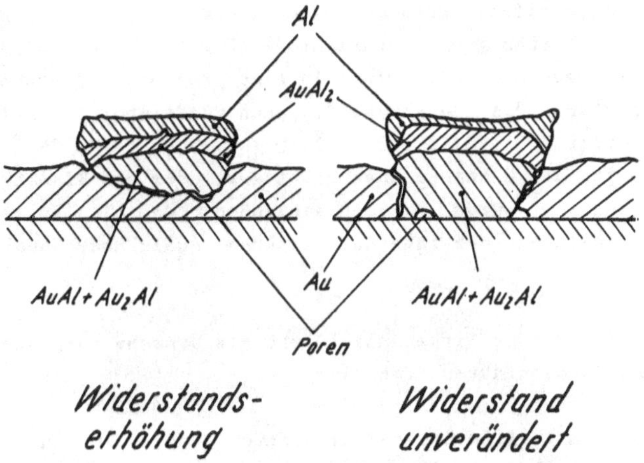

Abb. 29. Lokale Anordnung der intermetallischen Au-Al-Phasen und Poren bei Al/Au-Bondkontakten, aus /167/

Tab. 9. Volumenänderung infolge intermetallischer Au-Al-Phasen, aus /168/

Phase	$AuAl_2$	AuAl	Au_4Al
Kristallstruktur	kfz	kfz	kubisch
a/Å	6.0	6.05	6.92
v_P/Å^3	215.9	221.4	331.4
n_P	12	8	20
ρ_P/gcm^{-3}	7.71	5.91	16.38
δ	1.07	1.77	0.98
τ	1.62	3.32	4.96

Die für die Phasen $AuAl_2$, AuAl und Au_4Al von KATO /168/ berechneten Volumenverhältnisse und (s. Abschnitt 5.1.3.) sind in Tab. 9 angegeben. Diese Werte basieren auf Dichten, die nach Gleichung (62) errechnet wurden. Der Vergleich mit den experimentell bestimmten

Dichten in Tab. 5 zeigt relativ gute Übereinstimmung für die Phasen $AuAl_2$ und Au_4Al, jedoch sehr große Unterschiede (Faktor 2) im Falle der AuAl-Phase. Die Ursache dafür besteht in einer falschen Annahme für die Kristallstruktur. Die AuAl-Phase ist nach FRANK und SCHUBERT /254/ monoklin (gestörter MnP-Typ, a = 6.42 Å, b = 3.33 Å, c = 6.34 Å, β = 93.0°). Aus dem in Tab. 5 angegebenen Dichtewert, der von WINKLER /182/ experimentell bestimmt wurde, ist zu schließen, daß die Volumenänderung infolge Bildung der intermetallischen AuAl-Phase auch einige Prozent beträgt.

Weiterhin wird in /255-257/ der Kirkendall-Effekt als Ursache für die Degradation von Al/Au-Bondkontakten diskutiert.

In /258,259/ wurden mit AlCu-Basis-Mikrodrähten (s. Abschnitt 3.2.3.2.) hergestellte Al/Au-Bondkontakte getempert (ϑ = 400 °C, t = 1 h). Die Au-Al-Phasenschicht war bis auf das Grundmaterial durchgewachsen. Jedoch war damit eine Reduzierung der Kontaktfestigkeit bereits im Ausgangszustand vorhanden. Nach relativ geringer Belastung (150 °C/1000 h, Temperaturwechsel/100 Zyklen, PC-Test/16 h) waren die Bondkontakte sowohl im ungetemperten als auch im getemperten Zustand ausgefallen.

Beim TS-Kugel-Keil-Bonden mit Mikrodrähten aus Al-Werkstoffen ist die Wärmeeinwirkung (Temperatur, Zeit) gegenüber dem US-Bonden verändert. Um vor der Plastverkappung der integrierten Schaltkreise ein Durchwachsen der Au-Al-Phasenschicht auf das Grundmaterial zu erreichen ist eine zusätzliche Wärmebehandlung erforderlich.

Die Untersuchungen in /258,259/ führten zu der Schlußfolgerung, daß die beim TS-Kugel-Keil-Bonden mit AlCu4X-Mikrodrähten entstehenden Al/Au-Bondkontakte nur nach präziser Wärmebehandlung (zusätzlicher technologischer Schritt zwischen Drahtkontaktierung und Bauelementeverkappung mit Epoxydharz) eine hinreichende Zuverlässigkeit aufweisen. Deshalb wird in /260/ ein möglicher Einsatz des TS-Kugel-Keil-Bondens mit Mikrodrähten aus Al-Werkstoffen nur unter der Voraussetzung nicht vergoldeter (z. B. aluminierter) Trägerstreifen gesehen.

6.2. Das System Cu-Al

6.2.1. Zustandsdiagramm

Im Zustandsdiagramm Cu-Al /177,261/ (s. Abb. 30) existieren fünf intermetallische Gleichgewichtsphasen ($CuAl_2$, CuAl, Cu_4Al_3, Cu_3Al_2, Cu_9Al_4) mit den in Tab. 10 angegebenen Zusammensetzungen. Die Homogenitätsbereiche aller intermetallischen Cu-Al-Phasen sind sehr schmal.

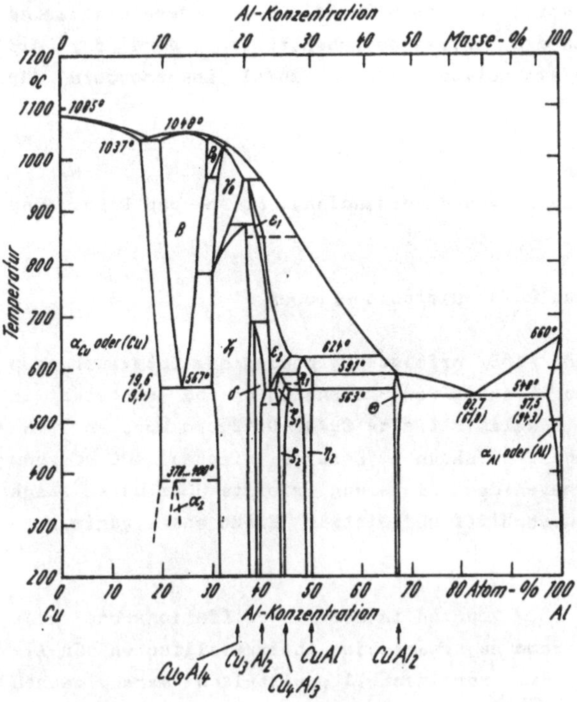

Abb. 30. Zustandsdiagramm Cu-Al, nach /177,261/

Im Gegensatz zur relativ geringen Löslichkeit von Cu in Al (etwa 2.48 Atom-% Cu bei 548 °C /261/) besitzt Al in Cu eine sehr gute Löslichkeit im festen Zustand.

6.2.2. Eigenschaften der intermetallischen Phasen

Die fünf intermetallischen Cu-Al-Phasen unterscheiden sich deutlich hinsichtlich ihrer optischen, elektrischen und mechanischen Eigenschaften (s. Tab. 10).

Vergleicht man die Eigenschaften der Cu-Al-Phasen mit denen der Au-Al-Phasen (s. Tab. 5), so erkennt man, daß die spezifischen elektrischen Widerstände sich nicht wesentlich unterscheiden. Die Differenzen zwischen den linearen thermischen Ausdehnungskoeffizienten der intermetallischen Phasen und der reinen Metalle, die bei Temperaturänderung zu inneren Spannungen in den Diffusionsproben führen, sind für die Werkstoffkombination Cu/Al geringer als für Au/Al (insbesondere für Al/$CuAl_2$ bzw. Al/$AuAl_2$).

6.2.3. Phasenbildung, -wachstum und -umwandlung; Poren- und Rißbildung

6.2.3.1. Untersuchungen an Cu/Al-Diffusionsproben

Von FUNAMIZU und WATANABE /158/ erfolgten grundlegende Untersuchungen zur Interdiffusion und zur Kinetik von Phasenbildung und -wachstum im System Cu/Al. Kompakte, walzplattierte Cu/Al-Diffusionsproben (4N-Ausgangsmaterial) wurden im Vakuum im Bereich zwischen 400 °C und 535 °C getempert. Die Phasenidentifizierung erfolgte über deren Lage am metallographischen Querschliff und mittels Elektronenstrahlmikroanalyse.

FUNAMIZU und WATANABE /158/ konnten in der Interdiffusionszone alle fünf, gemäß Zustandsdiagramm zu erwartenden intermetallischen Cu-Al-Phasen nachweisen. Aus dem experimentell ermittelten parabolischen Phasenwachstum ($d_i = k_i \cdot \sqrt{t_T}$, s. Abschnitt 4.6.3.), das in Abb. 31 für alle fünf intermetallischen Cu-Al-Phasen demonstriert ist, folgerten sie die Dominanz der Volumendiffusion bei 515 °C. Mit Hilfe der Matano-Analyse (s. Kap. 4) ermittelten sie die in Tab. 11 angegebenen Frequenzfaktoren und Aktivierungsenergien für Interdiffusion und Phasenwachstum der einzelnen Cu-Al-Phasen.

Tab. 10 Eigenschaften intermetallischer Cu-Al-Phasen

Phase	Chemische Zusammensetzung /Atom-% Cu	Kristallstruktur /180, 261/			Optische Eigenschaften	Elektrische Eigenschaften	Mechanische Eigenschaften		
		Kristallsystem	Strukturbericht	Raumgruppe	Farbe	Spez. elektr. Widerstand $/10^{-8}\Omega m$	Dichte $/gcm^{-3}$ /180/	Vickershärte $/Nmm^{-2}$ /265/	Lin. therm. Ausdehnungsk. $/10^{-5}K^{-1}$ /264/
Al	0.0 – 2.48	kubisch	A1	Fm3m	weiß	2.4 2.5 /144/	2.70 /144/	200 /181/ (weichgeglüht)	2.3 ... 2.4 /144/
$CuAl_2$	31.9 – 33.0	tetragonal	C16	I4/mcm	hellgelb	7.0 ... 8.0 /262 – 264/	4.357	3240	1.61
CuAl	49.8 – 52.3	monoklin	?	C2/m	grau	11.4	2.700	6280	1.19
Cu_4Al_3	55.2 – 56.3	monoklin (?)	?	?	hellgelb	12.2	?	6160	1.61
Cu_3Al_2	59.3 – 61.9	rhombisch	?	R3m	hellgrau	13.4	?	5580	1.51
Cu_9Al_4	62.5 – 69.0	kubisch	$D8_3$	$P\bar{4}3m$	weiß–hellgelb	14.2 – 17.3 /262 – 264/	6.850	5490	1.76
Cu	80.3 – 100.0	kubisch	A1	Fm3m	rot	2.0 1.55 /144/	8.93 /144/	500 /181/ (weichgeglüht)	1.73

Tab. 11. Frequenzfaktoren und Aktivierungsenergien für Interdiffusion und Phasenwachstum im System Cu/Al (aus /158/)

Phase	Interdiffusion D_0/cm^2s^{-1}	Q_D/eV	Phasenwachstum k_{0Pi}/cm^2s^{-1}	Q_{Pi}/eV
$CuAl_2$	$5.6 \cdot 10^{-1}$	1.33	$9.1 \cdot 10^{-3}$	1.27
CuAl	2.2	1.54	$1.7 \cdot 10^{-6}$	0.85
Cu_4Al_3	$1.6 \cdot 10^{6}$	2.40	$2.7 \cdot 10^{6}$	2.66
Cu_3Al_2	2.1	1.30	$2.6 \cdot 10^{-1}$	1.46
Cu_9Al_4	$8.5 \cdot 10^{-1}$	1.41	$3.2 \cdot 10^{-2}$	1.37

Ausgehend von den grundlegenden Arbeiten von HEUMANN /155/ und KIDSON /157/ (s. Abschnitt 4.6.3.) wurden für drei Phasen die Interdiffusionskoeffizienten bestimmt:

$$\tilde{D}(Cu_3Al_2) = 1.5...1.6 \cdot 10^{-10}\ cm^2s^{-1}$$
$$\tilde{D}(Cu_4Al_3) = 8.0...8.7 \cdot 10^{-10}\ cm^2s^{-1}$$
$$\tilde{D}(CuAl) = 3.4...3.7 \cdot 10^{-10}\ cm^2s^{-1}$$

Der Kirkendall-Effekt wurde in /158/ ebenfalls beobachtet. Aus der Verschiebung der Schweißebene (s. Abschnitt 4.4.) wurde abgeleitet, daß die Interdiffusion über einen Leerstellenmechanismus abläuft und daß das Al schneller durch die Phasenschicht in das Cu diffundiert als das Cu in das Al. Bei Nichtbeachten der Mehrphasendiffusion (s. Abschnitt 4.6.3.) hätte man das Gegenteil erwartet, denn bei 500 °C ist der partielle Diffusionskoeffizient von Cu in einer festen Al-Lösung um 2 bis 3 Größenordnungen größer als der partielle Diffusionskoeffizient von Al in einer festen Cu-Lösung ($\tilde{D}_{Cu}(\alpha_{Al}) \approx 5 \cdot 10^{-10}\ cm^2s^{-1}$, $\tilde{D}_{Al}(\alpha_{Cu}) \approx 1 \cdot 10^{-13}\ cm^2s^{-1}$) /266-272/. Dies unterstreicht die Notwendigkeit, die Mehrphasendiffusion zu beachten.

BISCHOFF und ALDINGER /3/ haben das Phasenwachstum in walzplattierten Cu/Al-Diffusionsproben im Vergleich zum Au/Al-Verbund untersucht. Abb. 32 zeigt, daß die laterale Ausdehnung der Cu-Al-Phasenschicht bei gleicher thermischer Belastung wesentlich geringer als die der Au-Al-Phasenschicht ist. Im Cu/Al-Verbund wurden mittels Elektronenstrahlmikroanalyse nach 5 h Temperaturlagerung bei 400 °C die intermetallischen Phasen $CuAl_2$, CuAl und Cu_9Al_4 nachgewiesen.

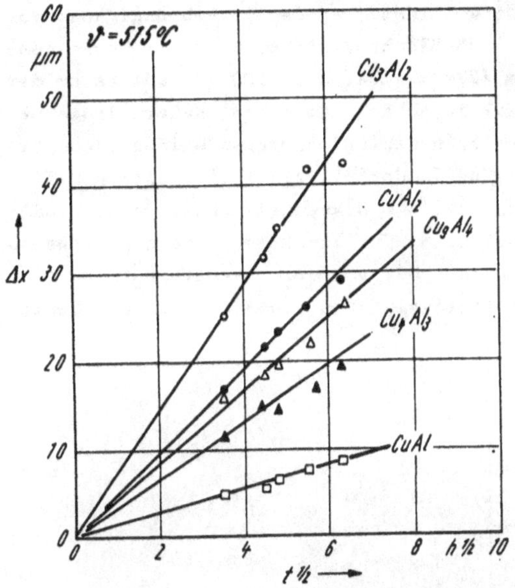

Abb. 31. Parabolisches Phasenwachstum für Cu-Al-Phasen, aus /158/

Neben diesen Untersuchungen an kompakten Diffusionsproben widmeten sich eine Reihe von Arbeiten der Interdiffusion und Phasenbildungskinetik in Cu/Al-Dünnschichtproben, wobei Röntgenbeugung, Rutherford-Rückstreuung, EXAFS-Spektroskopie, Transmissionselektronenmikroskopie, Elektronenstrahlmikroanalyse, Augerelektronenspektroskopie, Metallographie sowie Rasterelektronen- und Lichtmikroskopie eingesetzt wurden /9,186,187,273-286/.

Systematische Untersuchungen von VANDENBERG u. a. /186,187,273,274/ und HENTZELL /278/ zeigen, daß infolge Interdiffusion in Cu/Al-Dünnschichtproben nicht alle, gemäß Zustandsdiagramm möglichen intermetallischen Cu-Al-Phasen gebildet werden sowie daß die Phasenbildung von den Schichtdicken der Ausgangskomponenten und damit vom Materialangebot abhängig ist. Abb. 33 und 34 (aus /273/) demonstrieren diese Abhängigkeit für den Temperaturbereich bis 400 °C. Die im Zustandsdiagramm angegebenen Gleichgewichtsphasen Cu_4Al_3 und Cu_3Al_2 wurden nicht nachgewiesen. Bei einer Temperung bei 130 °C wird unabhängig vom Materialangebot die $CuAl_2$-Phase gebildet, sowie - in Abhängigkeit von der Wärmebehandlung - die kubisch-flächenzentrierte Cu_9Al_4-Phase oder die Cu_3Al-Hochtemperaturphase /274/. Oberhalb 200 °C unterscheidet sich die Phasenbildungskinetik in Abhängigkeit vom Materialangebot. Infolge Interdiffusion in Cu-reichen Diffusionsproben bilden sich die Phasen CuAl und Cu_9Al_4, wobei Cu_9Al_4 dominiert. In Al-reichen Diffusionsproben dominiert gegenüber CuAl die hexagonale $CuAl_x$-Phase (modifizierte Überstruktur der metastabilen Cu_2Al_3-Phase), die schrittweise in Cu_3Al rücktransformiert wird. Die von der Zusammensetzung der Diffusionsprobe abhängigen Endphasen sind α_{Cu}, Cu_9Al_4, CuAl und $CuAl_2$.

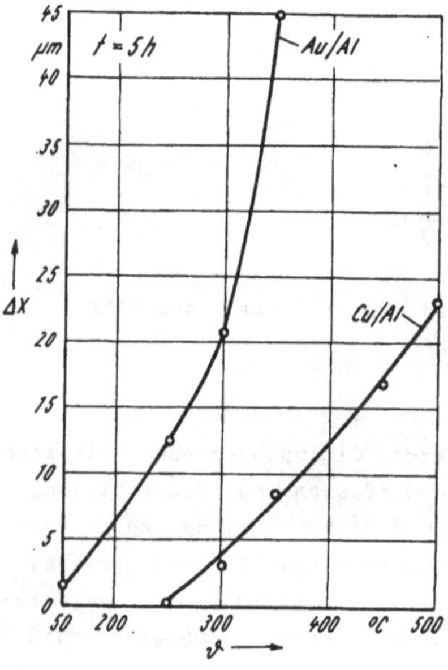

Abb. 32. Phasendicke in Abhängigkeit von der Temperung für Cu/Al- und Au/Al-Diffusionsproben, aus /3/

Röntgendiffraktometrische in situ Experimente an Kompakt- und Dünnschichtpaarungen des Systems Cu/Al wurden im Temperaturbereich zwischen 35 °C und 950 °C von VANDENBERG u. a. /186,187,273,274/ durchgeführt und durch lichtoptische Mikroskopie, Elektronenstrahlmikroanalyse und Rutherford-Rückstreuung ergänzt. Abb. 35 zeigt schematisch die bei kontinuierlicher Erwärmung von Raumtemperatur auf 500 °C nachgewiesenen Cu-Al-Phasen, wobei Dünnschichtpaarungen verwendet wurden, die einer Gesamtzusammensetzung von 0 bis 20 Atom-% Al entsprechen. Mit Erhöhung der Temperatur werden schrittweise die Phasen $CuAl_2$ und Cu_9Al_4 gebildet. Bei 250 °C treten Anteile einer Cu-reichen festen Lösung α_{Cu} auf. Der Cu-reiche Mischkristall entsteht im angegebenen Temperaturbereich durch diffusionsinduzierte Korngrenzenwanderung und diffusionskontrollierte Rekristallisation, und nicht durch Volumendiffusion /186,187/. Die Ursache dafür, daß die Korngrenzendiffusion im System Cu/Al dominant auftritt und nicht im System Au/Al, ist vermutlich mit der Tatsache verknüpft, daß die Volumendiffusion von Al in Cu um mehrere Größenordnungen langsamer erfolgt als von Al in Au ($D_{Al}(\alpha_{Cu}) = 2 \cdot 10^{-18}$ cm^2s^{-1} /287/, $D_{Al}(\alpha_{Au}) = 8 \cdot 10^{-14}$ $cm^{-2}s^{-1}$ /186/ für ϑ = 350 °C). Die Ursachen für diesen Unterschied wurden bereits in Abschnitt 6.1.3.1. diskutiert. Da in Cu/Al-Dünnschichtpaarungen im betrachteten Temperaturbereich keine Volumendiffusion auftritt, bleibt der Leerstellenfluß auf die Korngrenzen beschränkt /288,289/.

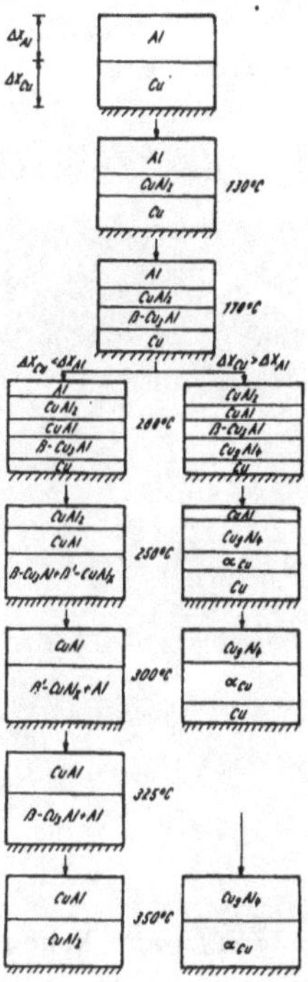

Abb. 33. Phasenbildungskinetik in Cu/Al-Dünnschichtsystemen, aus /273/

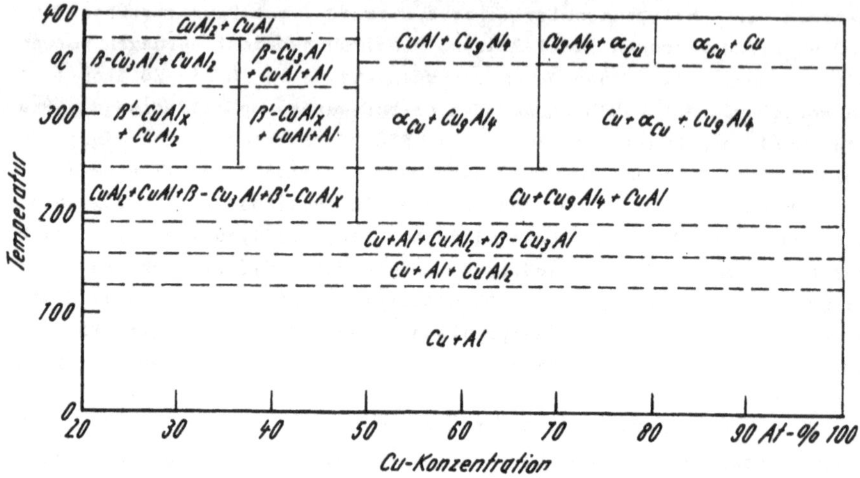

Abb. 34. Phasenbildungskinetik in Cu/Al-Dünnschichtsystemen, aus /273/

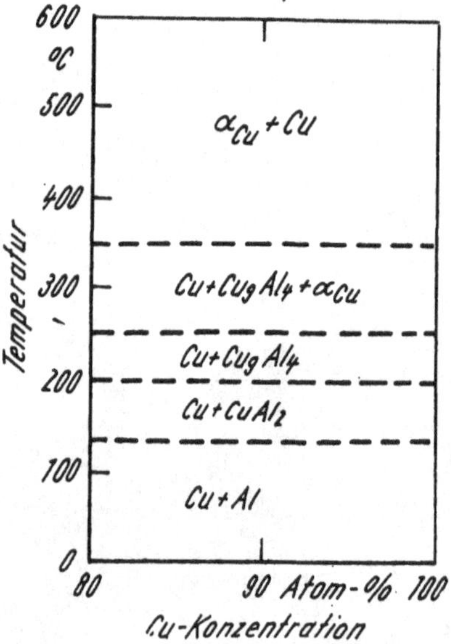

Abb. 35. Schematische Darstellung der Cu-Al-Phasenbildung bei hohem Cu-Gehalt, aus /187/

In eigenen Arbeiten /9,284-286/ wurde die Phasenbildungskinetik an Cu/Al-Diffusionsproben untersucht, die das Materialangebot an realen Cu/Al-Bondkontakten (zumindest in einer Richtung) möglichst gut widerspiegeln. Dazu wurden massive Cu-Bleche (nach dem Ionenätzen, um störende Adsorbat- bzw. Oxidschichten zu beseitigen) mit einer 1 µm dicken Al- oder AlSi1-Schicht bedampft bzw. besputtert. Das kompakte Cu-Blech entspricht der Cu-Kugel, die Al-Schicht der Bondinselmetallisierung. Nach unterschiedlichen Wärmebehandlungen (Temperatur-step-stress-Regime zwischen 150 °C und 450 °C /284/, Temperaturlagerungen bei 460 °C /285,286/ und 150 °C /9/) wurde mittels Röntgenbeugung stets zuerst die $CuAl_2$- und später die Cu_9Al_4-Phase nachgewiesen. Das heißt, die an Cu/Al-Dünnschichtproben mit großem Cu-Materialangebot erzielten Ergebnisse /187,273/ wurden prinzipiell bestätigt.

In der Anfangsphase der röntgendiffraktometrischen in situ Untersuchungen (460 °C) wurde mit zunehmender Wärmebehandlungszeit eine Verkleinerung der Al-Gitterkonstante registriert, die mit der Interdiffusion von Cu-Atomen in die Al-Schicht (Substitution von Al-Atomen durch Cu-Atome) erklärt werden kann. Bei den röntgendiffraktometrischen Untersuchungen nach Lagerung der Proben bei 150 °C konnte dieser Effekt nicht nachgewiesen werden. Ursachen dafür können die geringere Löslichkeit des Cu im Al sowie das Dominieren der Korngrenzendiffusion sein.

In /284/ wird der Einfluß zulegierter Elemente in den Werkstoffen (1 Masse-% Zn bzw. 1 Masse-% Ni in Cu, 1 Masse-% Si in Al) auf die Phasenbildung untersucht. Im Falle der Diffusionsproben CuNi1/Al und CuNi1/AlSi1 erfolgt der Verbrauch der dünnen Al- bzw. AlSi1-Schicht langsamer als bei den anderen Proben, d. h. das Zulegieren von 1 Masse-% Ni zum Cu führte zu einer Reduzierung von Interdiffusion und Phasenwachstum. Ob dieser Effekt direkt infolge des Ni-Gehaltes (z. B. durch die bevorzugte Bildung von Al-Ni-Paaren, die die Diffusion behindern) oder indirekt infolge einer Gefügeänderung im Cu-Werkstoff auftritt, konnte an diesen polykristallinen Diffusionspaarungen nicht ermittelt werden. Ein Einfluß des Zn-Gehaltes im Cu bzw. des Si-Gehaltes im Al auf Interdiffusion und Phasenbildung wurde nicht registriert.

Der Vergleich der Phasenbildungsprozesse in den Dünnschichtsystemen Cu/Al und Au/Al (Gesamtprobendicke einige µm) zeigt deutliche Unterschiede:

- In Cu/Al-Diffusionsproben wird unabhängig vom Materialangebot zuerst die $CuAl_2$-Phase gebildet. Eine vom Materialangebot abhängige Differenzierung bei der Phasenbildung erfolgt - im Gegensatz zum System Au/Al - erst nach Bildung dieser $CuAl_2$-Phase.
- In Cu/Al-Diffusionsproben treten - im Gegensatz zum System Au/Al - nicht alle gemäß Zustandsdiagramm möglichen Cu-Al-Phasen als Endphasen auf. Das kann mit der Tatsache zusammenhängen, daß das Zustandsdiagramm für das binäre System Cu-Al (mit vielen Gleichgewichts-, metastabilen und Hochtemperaturphasen /261/) weit komplizierter ist als das für das System Au-Al.

Literaturangaben zur Aktivierungsenergie $Q_P(CuAl_2)$ für das Wachstum der $CuAl_2$-Phase in Cu/Al-Proben sind in Tab. 12 zusammengestellt. Die Werte streuen nur in einem geringen Energiebereich. Zur Art der Interdiffusion und des Phasenwachstums gibt es in der Literatur unterschiedliche Auffassungen. Jedoch ist relativ sicher, daß im Temperaturbereich um 150 °C die Interdiffusion in Cu und Al im wesentlichen entlang von Korngrenzen erfolgt /9,290/. Innerhalb der $CuAl_2$-Phase kann die Volumendiffusion bestimmend sein /274,278/.

Tab. 12. Aktivierungsenergien für $CuAl_2$-Phasenbildung

Autor		Probengeometrie	ϑ-Bereich/°C	Q_P/eV
FUNAMIZU	/158/	Kompaktproben	515	1.27
GERSHINSKII	/275/	Dünnschichtproben	150	1.08
CAMPISANO	/276/	"	160-200	1.02
HENTZELL	/278/	"	160-300	1.31
HAMM	/274/	"	160-220	1.22
ONUKI	/201/	Cu/Al-Bondkontakte	20-200	1.26

Zu den Aktivierungsenergien für das Wachstum der anderen Cu/Al-Phasen gibt es nur wenige Angaben. Die Aktivierungsenergie für das Wachstum der Cu_9Al_4-Phase (1.37 eV /158/, 1.59 eV /274/) ist höher als die der $CuAl_2$-Phase. Die im Vergleich zur $CuAl_2$-Phase kleinere Wachstumsgeschwindigkeit der Cu_9Al_4-Phase führt bei Cu/Al-Dünnschichtsystemen nach HAMM und VANDENBERG /274/ zu keiner zusammenhängenden Cu_9Al_4-Phasenschicht, sondern zu relativ isolierten Cu_9Al_4-Körnern an Unebenheiten der $Cu/CuAl_2$-Grenzfläche.

Der von FUNAMIZU und WATANABE /158/ für die Aktivierungsenergie des CuAl-Phasenwachstums angegebene Wert ist sicherlich zu niedrig; die Angabe von GERSHINSKII /275/ (1.36 eV) entspricht den experimentellen Befunden besser.

Im Gegensatz zu den Untersuchungen an Au/Al-Diffusionsproben gibt es in Arbeiten zum System Cu/Al kaum Angaben zum Kirkendall-Effekt. Das kann damit erklärt werden, daß es infolge der dominierenden Korngrenzendiffusion im System Cu/Al nicht zur Bildung von Kirkendall-Poren kommt. Die Korngrenzen (insbesondere die Kontaktkorngrenzen /68/) stellen ergiebige Leerstellenquellen und -senken dar und können, insbesondere wenn sie an der Oberfläche des Werkstoffs bzw. der Werkstoffkombination enden, als aktive Leerstellenleiter fungieren. Somit ist an Korngrenzen kaum eine Übersättigung mit Leerstellen möglich. Experimentelle Ergebnisse zur Modellierung von Sintervorgängen bestätigen diese Funktion der Korngrenze als Leerstellenleiter und zeigen, daß dadurch vor allem im Stadium des intensiven Schwindens (2. Sinterstadium) eine Beschleunigung der Porenschrumpfung bewirkt wird /291-293/. Versetzungen können den Materialfluß insbesondere bei niedrigen Temperaturen intensivieren (vgl. versetzungsaktiviertes Sintern /68/).

Von WALLACH u. a. /294/ wurde an kompakten Cu/Al-Proben gezeigt, daß thermisch induzierte Spannungen bei dicken Cu-Al-Phasenschichten (Δx > 50 μm) zu einer Festigkeitsreduzierung führen. Bei thermischer Wechselbehandlung erfolgte die Materialtrennung infolge zu hoher Spannungen an der Phasengrenze $CuAl_2$/CuAl, was auf die unterschiedlichen thermischen Ausdehnungskoeffizienten dieser beiden Phasen sowie deren Sprödigkeit zurückgeführt werden kann. Für Cu-Al-Phasenschichtdicken um 1 μm ist die schichtdickenabhhängige Spannungserhöhung /295/ sehr gering und führt zu keiner signifikanten Festigkeitsreduzierung.

Grundlagenuntersuchungen zu Interdiffusion und Phasenbildung in mittels Molekularstrahlepitaxie hergestellten Cu/Al-Diffusionsproben mit sauberen, abrupten Grenzflächen, in denen die schwer reproduzierbare und bisher ungenügend quantifizierbare Korngrenzendiffusion (s. Abschnitt 4.7.) nicht auftritt, wurden mittels Augerelektronenspektroskopie (AES) und Beugung niederenergetischer Elektronen (LEED) von ASONEN /296/ durchgeführt. Derartige Experimente an einkristallinen Diffusionsproben sind prinzipiell auch zur Ermittlung des (gefügeunabhängigen) Fremdatomeinflusses (z. B. Ni) auf Interdiffusion und Phasenbildung möglich.

6.2.3.2. Untersuchungen an realen Cu/Al-Bondkontakten

Das beim TC/TS-Bonden mit Cu-Mikrodraht entstehende chipseitige Kontaktsystem Cu/Al wurde bisher in relativ wenigen Arbeiten diskutiert. Das metallkundliche und physikalisch-chemische Verhalten dieses Mehrkomponentenkontaktsystems ist noch nicht umfassend geklärt; die Aussagen zur Zuverlässigkeit sind sehr widersprüchlich /87,88/. Positiven Aussagen von BISCHOFF und ALDINGER /3/, KURTZ u. a. /31/, COHEN /297/, HIROTA u. a. /32/, ATSUMI u. a. /90/, ONUKI u. a. /201/, LEVINE und SHEAFFER /87/ und in eigenen Arbeiten /9,290,298/, die für Cu/Al-Kugel-Bondkontakte erzielt wurden, sowie von PITT u. a. /299,300/ und DELEN u. a. /301/ an Al/Cu-Keil-Bondkontakten auf Cu-Dickschichtpasten stehen negative Aussagen von OLSEN und JAMES /302,303/ sowie PIGNATARO u. a. /304/ an Al/Cu-Keil-Bondkontakten (AlSi1-Mikrodraht auf Cu-Dickschicht) gegenüber. Letztere sehen die Ursache für die Degradation nicht in der Bildung intermetallischer Phasen, sondern in Oxidschichten auf dem Cu (s. unten).

Im Gegensatz zu den Untersuchungen an Au/Al-Bondkontakten (s. Abschnitt 6.1.3.2.) sind erst in jüngster Zeit erste experimentelle Arbeiten zur Phasen- und Porenbildung in Cu/Al-TS-Kugel-Bondkontakten veröffentlicht worden (s. Tab. 13). Zur Kinetik von Phasenbildung, -wachstum und -umwandlung ist weit weniger bekannt als im System Au-Al. Die Ursache dafür ist einerseits darin zu sehen, daß Au/Al-TC/TS-Kugel-Bondkontakte und deren Zuverlässigkeit seit ca. 30 Jahren untersucht werden, Cu/Al-TS-Kugel-Bondkontakte erst seit der Suche nach edelmetallfreien Substitutionsvarianten für den Au-Mikrodraht von Interesse sind. Andererseits stellt das langsamere Phasenwachstum in

Cu/Al-Kontakten (s. unten) im Vergleich zu Au/Al-Kontakten weit höhere Anforderungen an Mikropräparations- und Mikroanalytikmethoden (s. Kap. 8).

In /3,9,88,90,201,290/ wird übereinstimmend festgestellt, daß die Wachstumsgeschwindigkeit der intermetallischen Phasenschicht in Cu/Al-Kontakten wesentlich geringer ist als in Au/Al-Kontakten. Der Kirkendall-Effekt wird nicht beobachtet, was mit dem geringen Materialtransport in Cu/Al-Kontakten sowie mit der Beschränkung des Leerstellentransports auf Korngrenzen (s. Abschnitt 6.2..3.1.) erklärt werden kann.

Tab. 13. Phasen- und Porenbildung an realen Cu/Al-TS-Kugel-Bondkontakten

		Phasen						
Autor	Jahr	$CuAl_2$	CuAl	Cu_4Al_3	Cu_3Al_2	Cu_9Al_4	Poren	ϑ/°C
ONUKI /201/	1987	x	x					20-200
ZSCHECH /9,290/	1988	x	x				x	150

Die Zuverlässigkeit von Cu/Al-TS-Kugel-Bondkontakten wurde von ATSUMI u. a. /90/ und ONUKI u. a. /201/ sowie in eigenen Arbeiten /9,290,298/ untersucht, wobei die in Tab. 14 angegebenen Belastungen gewählt worden sind.

Da die Ergebnisse der drei Autoren nahezu gleichzeitig und unabhängig voneinander publiziert worden sind, unterscheiden sich Parameter und Intensität der Belastungen. Jedoch konnten von allen drei Autoren positive Aussagen zur werkstoffphysikalischen Zuverlässigkeit von Cu/Al-TS-Kugel-Bondkontakten getroffen werden. Von KURTZ u. a. /31/, BISCHOFF und ALDINGER /3/ und ATSUMI u. a. /90/ sowie in eigenen Arbeiten /9/ wird das Hauptproblem beim Kugel-Keil-Bonden mit Cu-Mikrodraht in der bondtechnologischen Zuverlässigkeit, bedingt durch die Oxidationsneigung und die im Vergleich zum Au kritischere Verformbarkeit der Cu-Bondkugel sowie das Auftreten von "Muschelbruch", gesehen. Möglichkeiten zur Reduzierung bzw. Beseitigung dieser Effekte und der damit verbundenen Sicherung der erforderlichen bondtechnologischen Kontaktzuverlässigkeit wurden in den Abschnitten 2.4.3., 2.4.4.3. und 3.2.3. diskutiert.

Tab. 14. Parameter und Intensität der Belastung der Bondkontakte für Zuverlässigkeitsuntersuchungen

Autor	Temperaturlagerung		Temperaturwechsel		Feuchtelagerung		PC-Test	
	ϑ/°C	t/h	ϑ_{min}/°C ϑ_{max}/°C	n	ϑ/°C rel. F./%	t/h	ϑ/°C p/Nm^{-2}	t/h
ATSUMI /90/	150	1000	-55 +150	1000	60 90	1000	$2 \cdot 10^5$	300
ONUKI /201/	150	2000	-65 +150	2000	65 85	2000	121 $2 \cdot 10^5$	1000
ZSCHECH/9,290,298/	150	5000	-55 +125	250	40 95	2000	135 $3 \cdot 10^5$	150

Die aussagekräftigsten Ergebnisse zur werkstoffphysikalischen Zuverlässigkeit von Cu/Al-TS-Kugel-Bondkontakten sowie zu den metallphysikalischen Prozessen in diesen Mehrkomponentenkontaktsystemen wurden von ONUKI u. a. /201/ und in eigenen Arbeiten /9,290/ zusammengestellt.

In /201/ wurden nach 2000 h Temperaturlagerung (ϑ = 150 °C, 180 °C, 200 °C) mittels Röntgen-Mikrodiffraktometrie die Phasen $CuAl_2$ und CuAl identifiziert. Die Dicke der Cu-Al-Phasenschicht nach unterschiedlicher Temperaturlagerung ist in Tab. 15 angegeben.

Tab. 15. Dicke der Cu-Al-Phasenschicht in µm, nach /201/

t/h ϑ/°C	1000	2000	5000
120	0.2	0.3	0.45
150	0.3	0.45	0.8
200	1.0	1.4	2.0

Die Aktivierungsenergie für die Bildung der Cu-Al-Phasen wurde mit Q = 1.26 eV bestimmt (gegenüber Q = 1.0 eV bei Au-Al-Phasen unter analogen Bedingungen) /201/.

In Analogie zu den Untersuchungen an Au/Al-TS-Bondkontakten wurde von ONUKI u. a. /201/ als Ausfallkriterium für einen Cu/Al-Bondkontakt die Phasenschichtdicke verwendet, bei der die Haftfestigkeit auf 50 % des Wertes im Ausgangszustand (ohne intermetallische Phasen) abgesunken ist. Diese kritische Phasenschichtdicke beträgt Δx_{Cu-Al} = 2 µm (zum Vergleich: Δx_{Au-Al} = 7 µm, s. Abschnitt 6.1.3.2.). Das heißt, mit zunehmender Phasenschichtdicke wird die Festigkeit des Bondkontaktes reduziert /90,201/. Die im Vergleich zum Au/Al-Kontakt geringe kritische Phasenschichtdicke beim Cu/Al-Kontakt kann auf die höhere Härte von Cu-Al-Phasen zurückgeführt werden /305/ (s. auch Tab. 5 und 10). Dennoch liegt die der kritischen Schichtdicke entsprechende kritische Ausfallzeit für Cu/Al-Kontakte weit über der für Au/Al-Kontakte. Durch Extrapolation der in Tab. 15 angegebenen Dicken für die Cu-Al-Phasenschicht kann man für Temperaturlagerung bei 150 °C eine kritische Ausfallzeit von 40000 h ermitteln (zum Vergleich: ca. 1000 h für Au/Al-Kontakte, s. Abschnitt 6.1.3.2.).

In eigenen Arbeiten /9,290,298/ wird die Degradation von Cu/Al-Bondkontakten durch eine geeignete Kombination metallphysikalischer Untersuchungsmethoden analysiert. Als Ausfallkriterium für einen Cu/Al-TS-Kugel-Bondkontakt wurde in Analogie zu BLISH u. a. /219,220/ eine Erhöhung des Kontaktwiderstandes um 20 mΩ gewählt (s. Abschnitt 8.4.4.). Zur Diskussion der Kontaktdegradation wurden diese zerstörungsfreien Widerstandsmessungen - wie in Kap. 8 beschrieben - durch mikropräparative und mikroanalytische Methoden ergänzt. Metallographische Schliffe zeigen intermetallische Cu-Al-Phasen ($CuAl_2$, CuAl) mit einer lateralen Ausdehnung von 0.3...0.5 µm bzw. 1 µm nach 3000 h bzw. 5000 h Temperaturlagerung bei 150 °C (schematische Darstellung s. Abb. 36). Diese Schichtdicken und die Struktur der Cu-Al-Phasen entsprechen den von ONUKI u. a. /201/ bestimmten.

Für Mikrodrähte aus drei favorisierten Cu-Werkstoffen (Cu4N, CuZn1, CuNi1) - sowie zum Vergleich aus Au4N - wurden die beim Drahtbonden entstehenden Kontakte (speziell Cu/Al- und Au/Al-TS-Kugel-Bondkontakte) den in Tab. 14 angegebenen Belastungen ausgesetzt. Die Änderung des Kontaktwiderstandes der Mehrkomponentenkontaktsysteme Cu4N/AlSi1 und Au4N/AlSi1 ist für die Temperaturlagerung bei 150 °C in Abb. 37 dargestellt. Der Widerstandsanstieg ist - im Vergleich zu den Cu4N/AlSi1-Bondkontakten - für Au4N/AlSi1-Bondkontakte signifikant größer und liegt nach 5000 h Temperaturlagerung bei 150 °C bereits für ca. 20 % der Bondkontakte oberhalb des Ausfallkriteriums (ΔR_{BS} = 20 mΩ).

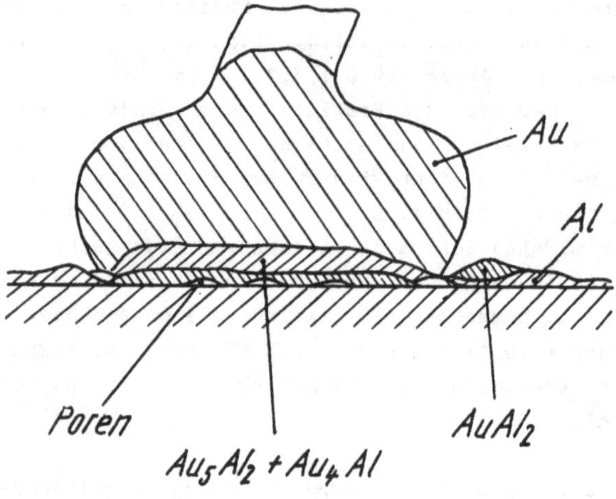

Abb. 36. Lokale Anordnung der intermetallischen Cu-Al-Phasen bei Cu/Al-Bondkontakten, aus /290/

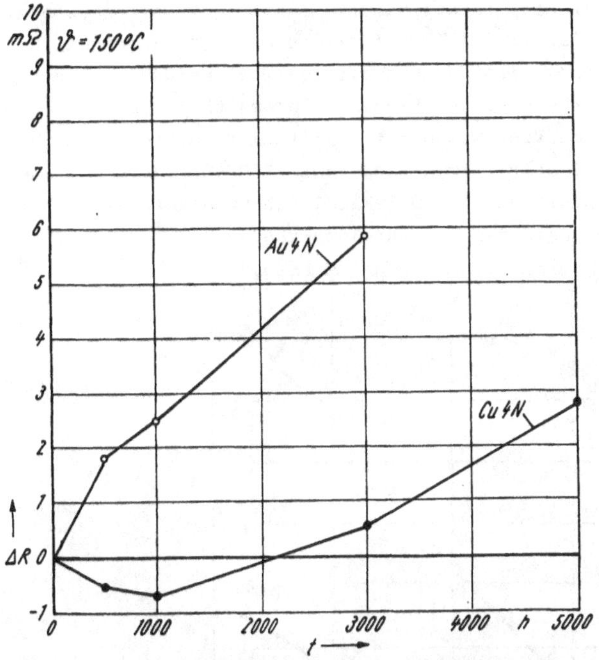

Abb. 37. Widerstandsänderungen von Cu4N/AlSi1- und Au4N/AlSi1-Bondkontakten infolge Temperaturlagerung bei 150 °C /290/

Die metallographischen und mikroanalytischen Untersuchungen sowie die Kontaktwiderstandsmessungen zeigen, daß in Cu/Al-Bondkontakten Interdiffusion und Phasenwachstum sowie infolgedessen alle darauf beruhenden Effekte (z. B. "Volumeneffekt", thermisch induzierte Spannungen) nach gleicher thermischer Belastung wesentlich geringer ausgeprägt sind als in Au/Al-Bondkontakten /298/. Zuverlässigkeitsuntersuchungen führen zu einer positiven Bewertung des beim Bonden mit Cu-Mikrodraht entstehenden chipseitigen Kontaktsystems (s. Kap. 8).

Die Änderung des Kontaktwiderstandes für die Mehrkomponentenkontaktsysteme Cu4N/AlSi1, CuNi1/AlSi1 und CuZn1/AlSi1 ist für Temperaturlagerung bei 150 °C in Abb. 38 dargestellt. Der Mittelwert der maximalen Widerstandsänderung liegt für alle drei Drahtmaterialien unterhalb des Ausfallkriteriums. Die Degradation des Kontaktsystems CuNi1/AlSi1 ist unter gleichen Bedingungen geringer als die der Kontaktsysteme

Cu4N/AlSi1 und CuZn1/AlSi1 (statistische Auswertung s. Abschnitt 8.4.5.). Der Pressure-Cooker(PC)-Test führt zu analogen Aussagen /9/. Für die Temperaturwechselbelastung und die Feuchtelagerung sind unter den in Tab. 14 angegebenen Parametern und Intensitäten die Widerstandsänderungen der Bondkontakte nicht signifikant ($\Delta R_{BK} \leq 0.5$ mΩ). Die Kombination von Temperaturlagerung bei 150 °C (2000 h) und anschließendem Temperaturwechsel (50 Zyklen) führte ebenfalls zu keinen signifikanten Änderungen des Kontaktwiderstandes /9/.

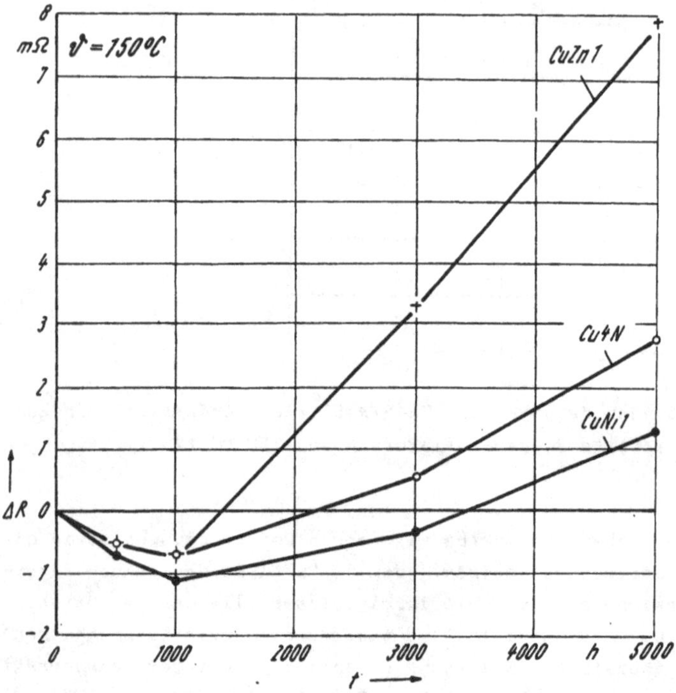

Abb. 38. Widerstandsänderungen von Cu4N/AlSi1-, CuNi1/AlSi1- und CuZn1/AlSi1-Bondkontakten infolge Temperaturlagerung bei 150 °C /290/

Damit kann zusammenfassend festgestellt werden, daß die Zuverlässigkeitsuntersuchungen an Cu/Al-Kugel-Bondkontakten von ATSUMI u. a. /90/ und ONUKI u. a. /201/ sowie die eigenen Arbeiten /9,290,298/ übereinstimmend positive Ergebnisse liefern. Die eigenen Untersuchungen /9,290,298/ ermöglichen nicht nur eine abschließende Aussage zur

Zuverlässigkeit, sondern wegen der zerstörungsfreien Kontaktwiderstandsmessungen an einer hinreichend großen Stichprobe eine statistische Auswertung der Meßergebnisse und ein Verfolgen der Degragationskinetik. Ferner wurde die Kontaktdegradation für Mikrodrähte aus unterschiedlichen Cu-Werkstoffen beurteilt, d. h. der Einfluß zum Cu zulegierter Elemente auf die im Mehrkomponentenkontaktsystem ablaufenden metallphysikalischen Prozesse. Für die Temperaturlagerung bei 150 °C (t_{max} = 5000 h) sind die festkörperphysikalischen und methodischen Ergebnisse in Kap. 8 ausführlich diskutiert.

Die in Abschnitt 6.1.3.2. für Au/Al-Bondkontakte genannten Einflußgrößen gelten prinzipiell in gleicher Weise für Cu/Al-Bondkontakte, sind für diese jedoch wesentlich weniger untersucht.

Der Einfluß von Legierungselementen im Cu-Draht auf die Degradation von Cu/Al-Bondkontakten wurde bereits oben diskutiert. Untersuchungen zum Einfluß von Legierungszusätzen zur Al-Metallisierung sind nicht bekannt.

Der Einfluß von Kupferoxidschichten auf die Verbindungsbildung und Zuverlässigkeit des Kontaktsystems wurde von PIGNATARO u. a. /304/ detailliert untersucht. Cu_2O-Schichten von 40 Å Dicke auf Cu-Dickschichten haben katastrophale Folgen für die Zuverlässigkeit von Al-Draht/Cu-Dickschicht-Kontakten, insbesondere bei Temperaturlagerung bei 200 °C und beim PC-Test. Für das TS-Bonden mit Cu-Mikrodrähten resultiert daraus die Forderung nach möglichst oxidfreien Cu-Bondkugeln (s. Abschnitte 2.4.3. und 3.2.3.).

Der Einfluß der Br^-- und Cl^--Konzentrationen im Epoxydharz auf die Zuverlässigkeit von Cu/Al-Kontakten ist - im Gegensatz zu Au/Al-Kontakten - gering /201,304/.

6.3. Das System Al-Ag

6.3.1. Zustandsdiagramm

Im Zustandsdiagramm Al-Ag /177/ (s. Abb. 39) existieren zwei intermetallische Phasen (Ag_3Al und Ag_2Al), wobei die Ag_3Al-Phase nur bei hohen Temperaturen (ϑ > 610 °C) stabil ist.

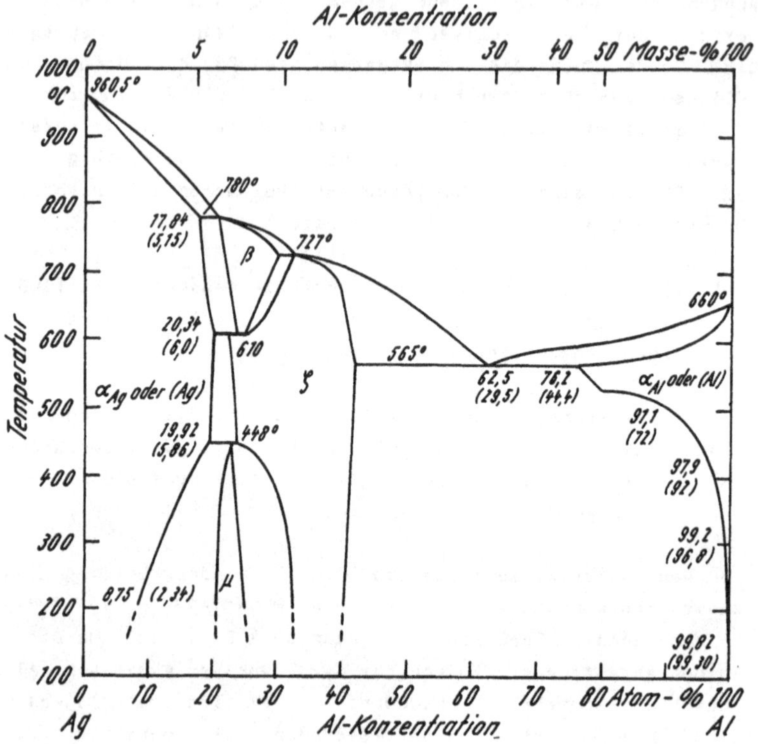

Abb. 39. Zustandsdiagramm Al-Ag, aus /177/

Im Gegensatz zur guten Löslichkeit von Al in Ag besitzt Ag in Al bei niedrigen Temperaturen nur eine sehr geringe Löslichkeit im festen Zustand (etwa 0.2 Atom-% Ag bei 200 °C). Bei der eutektischen Temperatur beträgt die Löslichkeit jedoch 18.75 Atom-% Ag in Al /306/.

6.3.2. Eigenschaften der intermetallischen Phasen

Im interessierenden Temperaturbereich $\vartheta \leq 150$ °C ist nur die Ag_2Al-Phase zu erwarten. Sie besitzt eine hexagonale Struktur mit den Parametern /307/

$a = 2.871 \ldots 2.885$ Å
$c = 4.662 \ldots 4.582$ Å
$c/a = 1.624 \ldots 1.588$

in Abhängigkeit von der Zusammensetzung (2. Wert entspricht Al-reicher Seite).

Zu den mechanischen und elektrischen Eigenschaften der Ag_2Al-Phase sind keine Angaben bekannt.

6.3.3. Phasenbildung und -wachstum; Poren- und Rißbildung

6.3.3.1. Untersuchungen an Al/Ag-Diffusionsproben

WEAVER und BROWN /308/ haben gezeigt, daß bei der Interdiffusion in Al/Ag-Diffusionsproben das Ag die schneller diffundierende Komponente ist.

In Al/Ag-Diffusionsproben wird ein relativ schnelles Wachstum der Al-Ag-Phasenschicht, vor allem in den Al-Bereich, beobachtet. In /308-310/ wurde nur die Ag_2Al-Phase identifiziert, die sich bereits bei relativ niedrigen Temperaturen ($\vartheta \geq 125$ °C) bildet. Im Gegensatz dazu stehen die Untersuchungen in /311/, die in Ag/Al-Dünnschichtproben nach Temperung bei 130 °C keine Phasenbildung feststellten. Dieses Hemmen bzw. Verhindern der Phasenbildung kann durch eine Al_2O_3-Schicht hervorgerufen worden sein.

Tab. 16. Aktivierungsenergien für Ag_2Al-Phasenbildung

Autor	Probengeometrie	ϑ-Bereich/°C	Q_P/eV
BUCKLE /309/	Kompaktproben	30-600	1.02
WEAVER /308/	Dünnschichtproben	130-240	1.14
FOURACRE /310/	"	180-350	1.01

Zur Aktivierungsenergie für die Ag_2Al-Phasenbildung gibt es nur wenige Angaben (s. Tab. 16).

FOURACRE /310/ führt die relativ geringe Aktivierungsenergie für das Wachstum der Ag_2Al-Phase auf große chemische Potentialgradienten innerhalb der intermetallischen Phase zurück, und nicht auf Korngrenzendiffusion: Im System Ag-Al sind α_{Al} und α_{Ag} sehr verdünnte Lösungen, d. h. das Rauoltsche Gesetz (s. Abschnitt 4.4.) gilt. Daraus folgt, daß die wesentliche Änderung der chemischen Aktivität dieses Systems innerhalb der intermetallischen Phase erfolgt und die wesentliche Änderung des chemischen Potentials ebenfalls in der Phase auftritt /312/. Das heißt, je geringer die Dicke der Phasenschicht ist, umso größer ist der chemische Potentialgradient. MANNING /313/ hat gezeigt, daß der chemische Potentialgradient eine Verringerung der Wanderungsenthalpie ΔH_{LW} (s. Abschnitt 4.3.) bewirkt, die für große Potentialgradienten beträchtlich sein kann. Dieser Effekt tritt in allen Systemen auf, in denen die festen Lösungen der Ausgangskomponenten und die intermetallischen Phasen nur in einem schmalen Konzentrationsbereich existieren. In der festen Al-Lösung α_{Al} erfolgt die Interdiffusion entlang der Korngrenzen.

6.3.3.2. Untersuchungen an realen Al/Ag-Bondkontakten

An Al/Ag-Bondkontakten wurden von JAMES /314/ Zuverlässigkeitsuntersuchungen durchgeführt. Bei Feuchtelagerung (85 °C, 85 % rel. Feuchte) kam es infolge der in Abschnitt 5.1.5. beschriebenen "Pestreaktion" bereits nach sehr kurzen Zeiten (einige Stunden) zu einem schnellen Abfall der Kontaktfestigkeit und zur Kontakttrennung. Die intermetallischen Ag-Al-Phasen können unter Einwirkung von Luftfeuchtigkeit bereits bei Raumtemperatur in ein amorphes, zu Pulver zerfallendes Aluminiumhydrat umgewandelt werden.

SCHNEIDER /315/, SHUKLA und SINGH DEO /316/ sowie BISCHOFF und ALDINGER /3/ raten von der Werkstoffkombination Al-Bonddraht/Ag-Trägerstreifen ebenfalls wegen der Korrosionsanfälligkeit der intermetallischen Ag-Al-Phasen ab.

7. MEHRKOMPONENTENKONTAKTSYSTEME MIT BESCHRÄNKTER ODER VOLLSTÄNDIGER MISCHBARKEIT: Cu-Ag, Au-Ag und Cu-Au

7.1. Zustandsdiagramme

Das Zustandsdiagramm Cu-Ag /177/ (s. Abb. 40) zeigt, daß in diesem System beschränkte Mischbarkeit der Komponenten im festen Zustand vorliegt. Bei Raumtemperatur liegt die Löslichkeit beiderseits unter 0.1 Atom-%, und selbst bei 775 °C ist noch eine große Mischungslücke vorhanden.

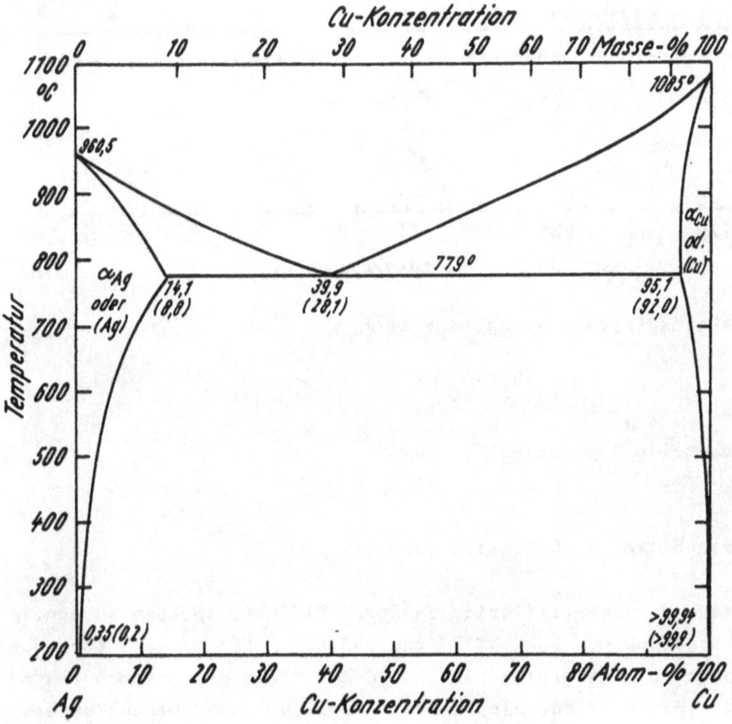

Abb. 40. Zustandsdiagramm Cu-Ag, aus /177/

In den Systemen Au-Ag (Zustandsdiagramm s. Abb. 41 /177/) und Cu-Au (Zustandsdiagramm s. Abb. 42 /177/) liegt vollständige Mischbarkeit der Komponenten im festen Zustand vor.

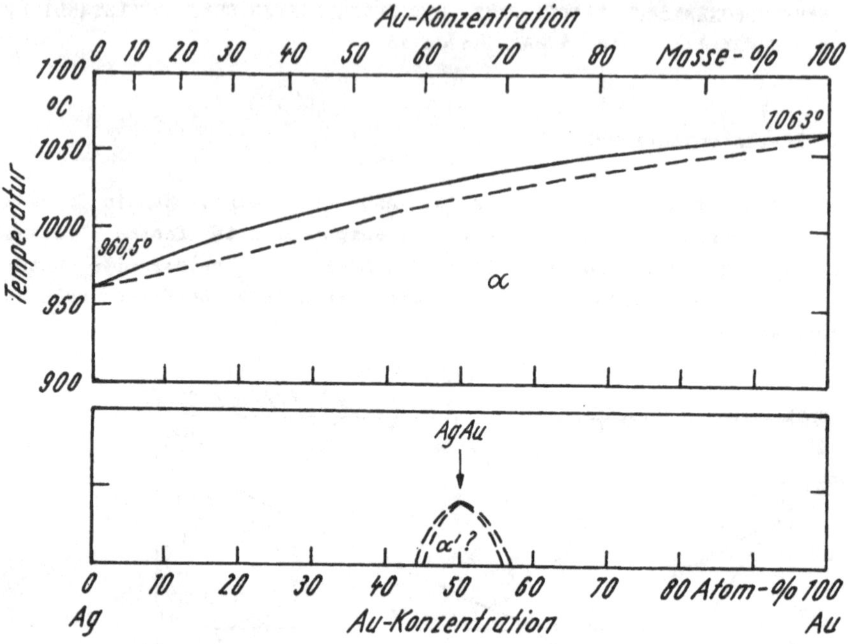

Abb. 41. Zustandsdiagramm Au-Ag, aus /177/

7.2. Experimentelle Ergebnisse

7.2.1. Untersuchungen an Diffusionsproben

Untersuchungen zur Interdiffusion in Au/Ag-Diffusionsproben wurden in /317-319/ vorgenommen. Von MEYER und SHIFKIN /320/ wurden für den gesamten Konzentrationsbereich bei 950 °C die Thermodynamischen Faktoren bestimmt. Sie sind für dieses System bei der angegebenen Temperatur größer als 1, folglich wird die Interdiffusion durch Legierungsbildung verstärkt.

Der Interdiffusionskoeffizient im System Cu-Au /318,321-332/ ist stark konzentrationsabhängig. Er liegt im Bereich $c_{Au} = 0.4...0.8$ um 1 bis 2 Größenordnungen über den Werten bei $c_{Au} = 0$ bzw. $c_{Au} = 1$. Da in diesem

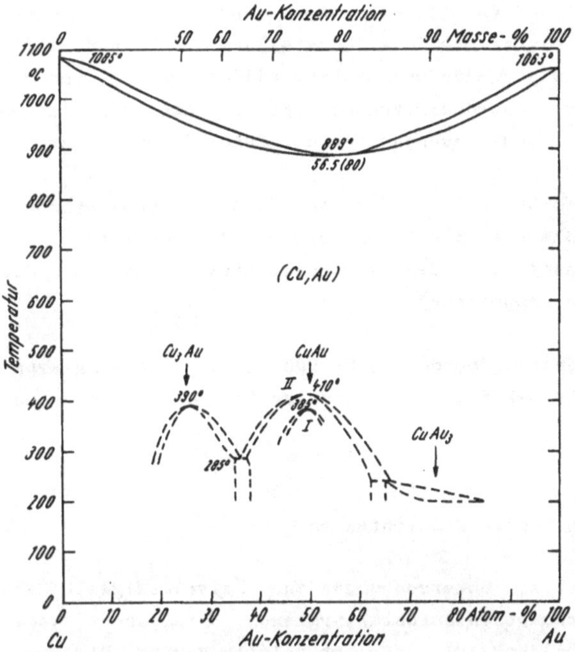

Abb. 42. Zustandsdiagramm Cu-Au, aus /177/

System keine intermetallischen Phasen auftreten und sich die Schmelzpunkte der reinen Komponenten nur geringfügig unterscheiden (ϑ_s(Au) = 1063 °C, ϑ_s(Cu) = 1083 °C), wird diese Konzentrationsabhängigkeit vermutlich durch die Bildung der Überstrukturen verursacht /318/.

Die an polykristallinen Diffusionsproben gemessenen Interdiffusionskoeffizienten liegen für festes c_{Au} noch bei 750 °C um ca. eine Größenordnung über den an einkristallinen Proben bestimmten /332/, d. h. bei niedrigen Temperaturen ist ein Dominieren der Korngrenzendiffusion zu erwarten. Für die Bildung von Überstrukturen ist jedoch die Volumendiffusion erforderlich. Bei Extrapolation der Ergebnisse von TU und BERRY /324/ würden sich geordnete Cu-Au-Strukturen mit einer Ausdehnung von ca. 0.15 µm erst nach 3000...8000 h Temperaturlagerung bei 150 °C bilden. PINNEL und BENNETT /331/, die die Bildung von Überstrukturen in Cu/Au-Diffusionsproben in einem Temperaturbereich zwischen 50 °C und 400 °C über einen sehr langen Zeitraum (4 Jahre) verfolgten, bestätigten die Feststellung von TU und BERRY /324/, daß sich zuerst die Cu_3Au-Überstruktur bildet, gefolgt von der $CuAu_3$-Überstruktur. Die CuAu-Überstruktur wird erst nach sehr langen Zeiträumen gebildet, sie wächst zuungunsten der $CuAu_3$-Überstruktur.

Von FEINSTEIN und BINDELL /330/ wurden an Cu/Au-Dünnschichtproben Poren beobachtet, die die Festigkeit der Verbindung reduzieren. Sie erklären die Porenbildung mit dem Kirkendall-Effekt (Au ist die schneller diffundierende Komponente).

Zur Untersuchung des Ordnungs-Unordnungs-Übergangs in Cu-Au-Legierungen stellt die EXAFS-Spektroskopie eine geeignete Methode dar /333-335/.

7.2.2. Untersuchungen an realen Bondkontakten

Die Anzahl experimenteller Untersuchungen zur Zuverlässigkeit von Bondkontakten mit Mehrkomponentenkontaktsystemen, in denen keine intermetallische Phasenbildung auftritt, ist relativ gering. Die Ursache dafür ist darin zu sehen, daß die Zuverlässigkeit dieser Kontaktsysteme - im Vergleich zu den in Kapitel 6 diskutierten - aus metallphysikalischer Sicht i. a. als unkritischer angesehen werden kann (s. Abschnitt 5.2.1.).

Untersuchungen von JAMES /314/ und JOHNSON /336,337/ an Au/Ag-Bondkontakten weisen eine hohe Zuverlässigkeit dieses Kontaktsystems nach. Entlang des Au-Mikrodrahtes wurde bereits bei 150 °C eine schnelle Ag-Oberflächendiffusion festgestellt. Die daraus resultierende Ag-Verarmung an der Peripherie des Bondkontaktes führt jedoch für Temperaturlagerung bei 150 °C erst nach ca. 29 Jahren zu einem merklichen Abfall der Kontaktfestigkeit. Der Kirkendall-Effekt wurde nicht beobachtet. Diese Tatsache ist mit der Dominanz der Oberflächendiffusion gegenüber der Volumendiffusion erklärbar.

In eigenen Arbeiten /9,290,298/ wurde nach den in Tab. 14 angegebenen Belastungen keine signifikante Erhöhung des Kontaktwiderstandes an Cu/Au- und Cu/Ag-Bondkontakten festgestellt, d. h. Degradation und Ausfall der Bondkontakte treten nicht auf. Bei Cu/Au-Kontakten auftretende Widerstandsabfälle um 0.5...1.0 mΩ in der Anfangsphase der Belastung (bis 500...1000 h Temperaturlagerung bei 150 °C) können auf eine Vergrößerung der realen Kontaktfläche oder auf die Bildung von Überstrukturen infolge Interdiffusion zurückgeführt werden.

8. METHODISCHE UBERLEGUNGEN ZUR ANALYSE PHYSIKALISCHER UND CHEMISCHER STRUKTUREN IN MIKROBEREICHEN, DARGESTELLT AM BEISPIEL DER TEMPERATURLAGERUNG VON Cu/Al-BONDKONTAKTEN

8.1. Prinzipielles zur Analyse physikalischer und chemischer Strukturen in Mikrometer- und Submikrometerbereichen

Das Ziel der Werkstofforschung und -analytik in Mikrobereichen, z. B. an Bondkontakten, besteht darin, die physikalische und chemische Struktur der Proben zu bestimmen. Das heißt, es sind räumliche Verteilungen physikalischer und chemischer Eigenschaften in Mikrometer- und Submikrometerbereichen zu untersuchen, die sich meist von der unmittelbaren Umgebung unterscheiden.

Physikalische Strukturen umfassen die Topographie und Morphologie von Grenzflächen im Mikrometer- und Submikrometerbereich, chemische Strukturen die Elementkonzentrationen und ihre räumliche Verteilung (Konzentrationsprofil).

Im Mikrometer- und Submikrometerbereich wird die Anwendung konventioneller Untersuchungsmethoden zur Ermittlung der physikalischen und chemischen Struktur oftmals unmöglich bzw. die Anforderungen an die Methoden werden höher:

- Physikalische Strukturparameter und exakte Elementkonzentrationen müssen mit hoher Empfindlichkeit und höchstmöglicher lateraler Auflösung bestimmt werden.
- Die am meisten verwendeten Methoden sind die Beugung niederenergetischer Elektronen (LEED) sowie die Auger-Elektronen-Spektroskopie (AES) und die Sekundär-Ionen-Massen-Spektroskopie (SIMS) in Kombination mit Sputterprozessen. Jedoch gibt es für das Sputtern, insbesondere wenn für die Aufnahme von Tiefenprofilen relativ dicke Schichten (im μm-Bereich) abgesputtert werden müssen, wegen der Selektivität des Prozesses prinzipielle Einscränkungen /338/.

Bei der Elektronenstrahlmikroanalyse (ESMA) an kompakten Proben wird die laterale Auflösung infolge des Anregungsvolumens auf einige μm begrenzt. Mittels analytischer Transmissionselektronenmikroskopie (TEM) ist an leistungsfähigen Geräten mit Feldemissionskatoden für durchstrahlbare Proben eine Auflösung von einigen nm erreichbar. Jedoch ist die Probenpräparation sehr aufwendig. Ferner ist die Strahlenschädigung der Probe zu beachten.

Für AES und SIMS wird die laterale Auflösung durch das Anregungsvolumen in kompakten Proben nur unwesentlich beeinflußt, da bei diesen Methoden die Information aus Oberflächenbereichen kommt.

Wegen der oben genannten Einschränkung bei der Aufnahme von Sputter-Tiefenprofilen mit AES ist dem die Analyse mittels Scanning-Auger-Spektroskopie (Scanning Auger Mikroprobe Analysis, SAM) /339,340/ an einem Quer- oder Schrägschliff vorzuziehen. Mit leistungsfähigen SAM-Geräten wird eine laterale Auflösung unter 0.1 μm erreicht.

Die Strukturanalyse von intermetallischen Phasen, die sich an Bondkontakten bilden, ist an kompakten Proben mit Röntgen-Mikrodiffraktometrie (laterales Auflösungsvermögen ca. 100 μm) und an durchstrahlbaren Proben mit TEM (Elektronenbeugung) möglich.

Alternativen zur konventionellen mechanischen Probenpräparation stellen Ionenstrahlmethoden dar, d. h. das Ionenstrahl-Böschungsschnitt-Verfahren für die Herstellung mechanisch nicht beeinflußter Schnittflächen sowie eine Weiterentwicklung, das Ionenstrahl-Mikrotom, für die Herstellung keilförmiger, durchstrahlbarer Proben /341-344/.

8.2. Kombination mehrerer metallphysikalischer Untersuchungsmethoden

Die traditionelle Vorgehensweise zur Untersuchung von Ausfallmechanismen an Bondkontakten besteht in einer definierten Belastung der Bauelemente sowie anschließendem elektrischen Funktionstest, wenn möglich im Öffnen der Bauelementeverkappung, genauer visueller Betrachtung und mechanischen Tests sowie in der Anwendung zerstörender mikropräparativer und mikroanalytischer Verfahren. Diese Vorgehensweise, die bereits mehrere metallphysikalische Untersuchungsmethoden vereint, hat jedoch einige prinzipielle Grenzen:

i) Jede Probe wird zerstört, eventuell bereits bevor eine Degradation des Bondkontaktes eingetreten ist, oder erst nachdem die Degradation abgeschlossen ist.

ii) Es wird implizit angenommen, daß die Probe einer homogenen Gruppe entnommen worden ist.

iii) Das Aufstellen einer Korrelation zwischen elektrischen Ausfällen und mechanischen Eigenschaften, wie sie z. B. bei Abreiß- und Schertests /345/ bestimmt werden, ist sehr problematisch.

Die Überwindung der genannten Grenzen erfordert die geeignete Kombination metallphysikalischer Untersuchungsmethoden, und zwar so, daß einerseits aus der Untersuchung einer hinreichend großen Stichprobe statistische Aussagen zur Beurteilung der Zuverlässigkeit der Bondkontakte möglich sind, und andererseits an geeignet ausgewählten individuellen Bondkontakten die tatsächlichen festkörperphysikalischen Degradations- und Ausfallmechanismen studiert werden können. Dazu sind sowohl zerstörungsfreie als auch zerstörende Methoden nötig.

Für die komplexe Untersuchung von Mehrkomponentenkontaktsystemen, wie sie u. a. an Bondkontakten vorliegen, ist der kombinierte Einsatz von zerstörungsfreien Widerstandsmessungen und zerstörenden mikropräparativen Verfahren sowie mikroanalytischen Untersuchungen günstig /9,290,298/.

Basierend auf der Kenntnis der Widerstandsänderungen an individuellen Bondkontakten ist deren geeignete Auswahl für die zerstörende Mikropräparation und Mikroanalytik möglich. Das Vorliegen von Ergebnissen der Widerstandsmessungen und mikroanalytischer Untersuchungen ermöglicht das Aufstellen korrelativer Zusammenhänge, als wesentliche Voraussetzung für die Deutung der Ursachen für Kontaktdegradationen und Ausfälle. Weiterhin dienen sie dem Einteilen von Meßgrößen in Kategorien, die festkörperphysikalischen Mechanismen entsprechen, sowie dem Festlegen von Ausfallkriterien (s. Abschnitt 8.4.4.).

Die alleinige Anwendung elektrischer Funktionstests ist dafür unzureichend. Es müssen Bondschemata und Meßschaltungen aufgebaut werden (s. Abschnitte 8.3. und 8.4.1.), die die Feststellung von Kontaktausfällen an den Bondkontakten sowie die Bestimmung von Kontaktwiderstandsänderungen - als quantitatives Maß für die Degradation der Bondkontakte - exakt ermöglichen. Die Vier-Punkt-Methode hat sich dafür - in Kombination mit geeigneten Bondschemata - als günstig erwiesen. Als zerstörungsfreies Verfahren zur Beurteilung der Bondqualität (Zuverlässigkeit) in plastverkappten Bauelementen sind Testaufbauten mit speziellen Bondschemata erforderlich.

Die Anwendung konventioneller Präparations- und Untersuchungsmethoden für Mikrobereiche ist wegen deren geringer lateraler Ausdehnung oftmals unmöglich bzw. die Anforderungen an diese Methoden werden höher. Mitunter sind sie durch neue Verfahren zu ergänzen. Als günstig hat sich die Untersuchung von mittels konventioneller metallographischer Methoden bzw. mit Ionenstrahl-Verfahren präparierten Bondkontakten mit leistungsfähiger Mikroanalytik (favorisiert sind Scanning-Auger-Spektroskopie, Transmissions-Elektronen-Mikroskopie und Röntgen-Mikrodiffraktometrie) erwiesen, insbesondere bei geringer lateraler Ausdehnung von intermetallischen Phasen oder Mischkristallbereichen in den Kontakten. Der Einsatz der Elektronenstrahlmikroanalyse ist wegen der geringen Schichtdicke (im Mikrometer- und Submikrometerbereich) meist unmöglich.

Untersuchungen an makroskopischen Proben (die konventionelle röntgenographische Phasenanalyse ist hier, im Gegensatz zu den Bondkontakten, möglich) unterstützen die an Bondkontakten erzielten Ergebnisse in geeigneter Weise (s. Abschnitt 6.2.3.1.). Die rechnerunterstützte Ermittlung und Auswertung von Widerstandsmeßdaten ermöglicht - neben der exakten Bestimmung von Widerstandsänderungen an individuellen Bondkontakten - bei einer hinreichend großen Stichprobe eine statistische Auswertung (Ermittlung des Mittelwertes der Widerstandsänderungen sowie der Toleranzbereiche usw.). Auf dieser Grundlage ist es - unter Berücksichtigung eines Ausfallkriteriums, das auf der Widerstandsmessung beruht - möglich, Aussagen zur Zuverlässigkeit der Bondkontakte zu erhalten. Sie dient des weiteren als Basis für eine geeignete Auswahl der zu kombinierenden Werkstoffe sowie zur Optimierung der Bondtechnologie. In diesem Kapitel erfolgt auf der Grundlage statistischer Aussagen eine Beurteitlung des Kontaktsystems Cu/Al bei Einsatz unterschiedlicher Cu-Werkstoffe.

8.3. Testaufbauten und deren Belastung

Für die komplexe Untersuchung der beim Bonden mit Cu-Mikrodrähten entstehenden Bondkontakte (metallphysikalische Prozesse, elektrisches und mechanisches Verhalten, Zuverlässigkeit) wurden spezielle Testaufbauten hergestellt.

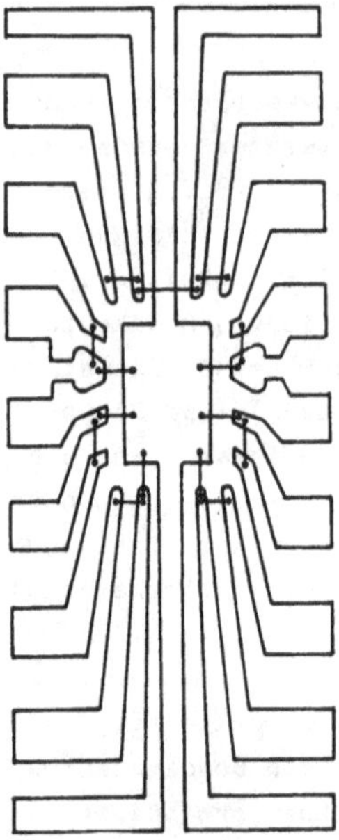

Abb. 43. Bondschema

Ganzflächig metallisierte Siliziumeinkristalle (2.0 x 2.9 mm^2), die mit 1.2 µm AlSi1 besputtert worden sind, wurden auf 16-polige Trägerstreifen mit partiell vergoldeten Zinken gebondet. Um die Widerstandsmessungen realisieren zu können, wurde für die Testaufbauten ein spezielles, von BLISH und PAROBEK /219/ vorgeschlagenes Bondschema, das sowohl Drahtbrücken zwischen Chip und Zinken als auch zwischen den Zinken aufweist, modifiziert. Dieses Bondschema (s. Abb. 43) läßt sich in 4 Vier-Punkt-Widerstandsmeßmoduls wie folgt aufspalten: ein Referenzmodul, der nur 3 Zinken-Zinken-Drahtbrücken und keine Chip-Zinken-Drahtbrücken enthält, sowie drei Moduls gleicher Struktur, die jeweils 2 Zinken-Zinken-Drahtbrücken und 2 Chip-Zinken-Drahtbrücken enthalten.

Für die Zinken-Zinken-Drahtbrücken wurde - mit Ausnahme der mittleren Drahtbrücke des Referenzmoduls - aus technologischen Gründen Au-Mikrodraht (d = 30 µm) verwendet, für alle anderen Drahtbrücken (d. h. für die mittlere Drahtbrücke des Referenzmoduls und für alle Chip-Zinken-Drahtbrücken) wurden Mikrodrähte (d = 30 µm) aus Kupfer (Cu4N) und niedriglegiertem Kupfer (CuZn1, CuNi1) eingesetzt. Zur Kontaktierung wurde ein manueller Drahtbonder MDB-20 verwendet.

Nach dem Drahtbonden wurden die Testaufbauten plastverkappt und lagen im DIP-Plast16-Gehäuse (DIP = Dual-in-line-package) vor.

Die Testaufbauten wurden bei 150 °C gelagert, wobei Untersuchungen im Ausgangszustand sowie nach einer Lagerzeit von 500, 1000, 2000, 3000 und 5000 h erfolgt sind.

8.4. Widerstandsmessungen

8.4.1. Experimentelles

Die Widerstandsmessungen erfolgten sowohl im Ausgangszustand als auch nach den in Abschnitt 8.3. angegebenen Belastungen der Testaufbauten bei Raumtemperatur. Dazu wurden die Testaufbauten mit einer Steckfassung in einen Thermostat gebracht, dessen Temperatur mit Hilfe eines NTC-Thermistors registriert wurde.

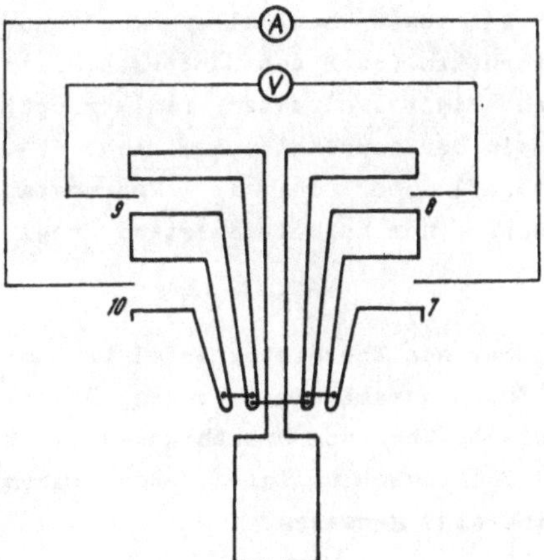

Abb. 44. Prinzip der Spannungsmessung nach der Vier-Punkt-Methode für ein Referenzmodul

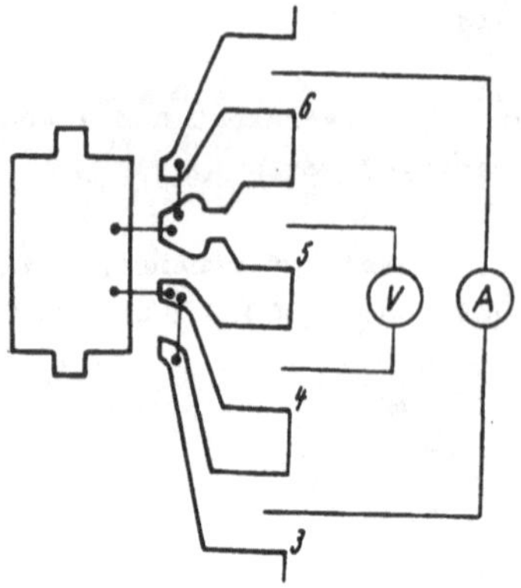

Abb. 45. Prinzip der Spannungsmessung nach der Vier-Punkt-Methode für ein Modul mit 2 Chip-Zinken-Drahtbrücken

Die Meßschaltung für die Widerstandsmessungen wurde, unter Berücksichtigung des entworfenen Bondschemas, auf der Basis der Vier-Punkt-Methode realisiert. Mit Hilfe eines Meßstellenumschalters wurden die Spannungsabfälle über der mittleren Drahtbrücke des Referenzmoduls (Prinzip der Meßschaltung s. Abb. 44) sowie über allen möglichen Kombinationen von 2 Chip-Zinken-Drahtbrücken (auch von unterschiedlichen Moduls) der Reihe nach mit einem Digitalvoltmeter registriert, d. h. U_0, U_{12}, U_{13}, ... , U_{56} (Prinzip der Meßschaltung s. Abb. 45). Des weiteren wurde der Spannungsabfall über dem im Thermostat befindlichen NTC-Thermistor sowie über einem Normalwiderstand registriert (s. Abb. 46).

Die Ermittlung des Spannungsabfalls über dem Thermistor erfolgte zur Temperaturkorrektur der gemessenen Spannungsabfälle über den Drahtbrücken. Dazu wurden die Spannungsabfälle über den Drahtbrücken eines Testaufbaus sowie des Thermistors bei 3 unterschiedlichen Temperaturen in unmittelbarer Umgebung der Raumtemperatur gemessen.

Die Messung des Spannungsabfalls über einem Normalwiderstand (1 Ω) dient der exakten Ermittlung der verwendeten Stromstärke (ca. 10 mA) für die Widerstandsberechnung.

Die Messung aller Spannungsabfälle wurde in jedem Zyklus zweimal bei unterschiedlicher Stromrichtung vorgenommen. Durch Mittelwertbildung werden Thermospannungs-Effekte eliminiert.

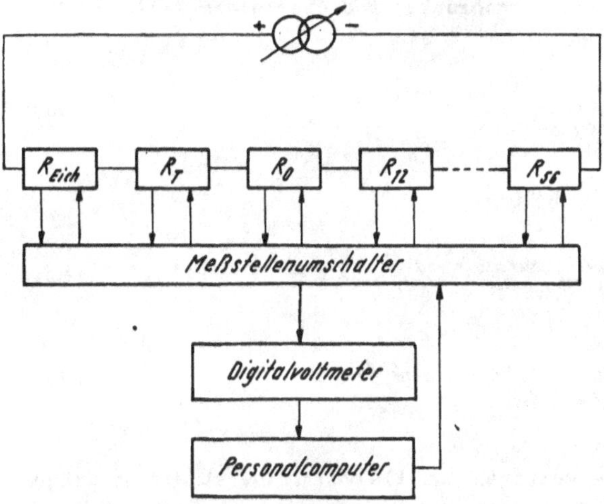

Abb. 46. Schematischer Meßaufbau für die Widerstandsmessung mit Meßstellenumschalter

Bei der Deutung der gemessenen Spannungsabfälle ist zu beachten, daß sich der Widerstand jeder Drahtbrücke aus 3 Anteilen zusammensetzt: dem Draht selbst, dem Kugelkontakt und dem Keilkontakt. Weiterhin enthält die Messung der Spannungsabfälle über allen Drahtbrücken einen Anteil der Zinkenmetallisierung und über den Chip-Zinken-Drahtbrücken noch einen Anteil der Chipmetallisierung.

Durch das entworfene Bondschema und die Meßschaltung (Vier-Punkt-Methode) wird vom Digitalvoltmeter im Falle des Referenzmoduls nur der Spannungsabfall über der mittleren Drahtbrücke (sowie über den Zinkenmetallisierungen zwischen dem Punkt der Stromeinspeisung und dem Bondkontakt der mittleren Drahtbrücke) registriert:

$$U_0 = U_{Cu/Au}^{Kugel} + U_{Cu}^{Draht} + U_{Cu/Au}^{Keil} + U_{Au}^{Metallisierung(Kugel)} + U_{Au}^{Metallisierung(Keil)} \qquad (67)$$

Im Falle der Moduls mit je 2 Chip-Zinken-Drahtbrücken setzt sich die Meßgröße jeweils aus dem Spannungsabfall über 2 zu kombinierenden, derartigen Drahtbrücken (sowie über den Zinkenmetallisierungen zwischen dem Punkt der Stromeinspeisung und dem trägerstreifenseitigen Bondkontakt der Chip-Zinken-Drahtbrücke) und über einem Teil der Chipmetallisierung zusammen, d. h.

$$U_{ij} = U_i + U_j + \left(U_{Al}^{Metallisierung}\right)_{ij} \tag{68}$$

(i ≠ j) mit

$$U_i = \left(U_{Cu/Al}^{Kugel} + U_{Cu}^{Draht} + U_{Cu/Au}^{Keil} + U_{Au}^{Metallisierung}\right)_i \tag{69}$$

$$U_j = \left(U_{Cu/Al}^{Kugel} + U_{Cu}^{Draht} + U_{Cu/Au}^{Keil} + U_{Au}^{Metallisierung}\right)_j \tag{70}$$

$\{i,j\} = \{1,2,\ldots,6\}$. Alle weiteren Anteile von Trägerstreifen, Trägerstreifenkontakten sowie den 2 äußeren Drahtbrücken aus Au-Mikrodraht werden durch die Meßschaltung eliminiert, d. h. Meßfehler durch Spannungsabfall über den Anschlüssen der Stromeinspeisung werden ausgeschlossen.

8.4.2. Meßdatenverdichtung

Aus dem Spannungsabfall über dem Eichwiderstand U_{Eich} wurde die Stromstärke

$$I = \frac{U^{Eich}}{R^{Eich}} \tag{71}$$

bestimmt, die wiederum zur Ermittlung aller anderen Widerstandswerte nach dem Ohmschen Gesetz dient.

Für die Temperaturkorrektur wurde aus den temperaturabhängigen Widerstandswerten der Drahtbrücken eines Testaufbaus sowie des Thermistors R_T mittels linearer Regression ein linearer Zusammenhang aufgestellt, der in der Umgebung der Raumtemperatur eine gute Näherung darstellt. Anhand dieser Eichgerade wurden die Widerstandswerte - unabhängig von ihrer konkreten Meßtemperatur - auf eine festgelegte Temperatur (Raumtemperatur, ϑ = 20 °C) bezogen.

Von jedem Testaufbau wurden 3 Meßzyklen registriert und aus den jeweiligen Widerstandswerten die arithmetischen Mittelwerte gebildet.

8.4.3. Ermittlung von Widerstandsänderungen und deren Lokalisierung

Es konnte experimentell nachgewiesen werden, daß sich während der Temperaturlagerung bei 150 °C die Widerstände der Cu-Bonddrähte, der Trägerstreifen- und der Chipmetallisierung nicht ändern /9/. Deshalb können die Widerstandsänderungen, die sich durch Differenzbildung der entsprechenden Meßdaten nach der Lagerung der Testaufbauten gegenüber dem Ausgangszustand ergeben, an den Bondkontakten lokalisiert werden, d. h.

$$\Delta R_0 = \Delta R^{Kugel}_{Cu/Au} + \Delta R^{Keil}_{Cu/Au} \quad (72)$$

$$\Delta R_{ij} = \Delta R_i + \Delta R_j \quad (73)$$

(i ≠ j) mit

$$\Delta R_i = \left(\Delta R^{Keil}_{Cu/Au} + \Delta R^{Kugel}_{Cu/Al}\right)_i \quad (74)$$

$$\Delta R_j = \left(\Delta R^{Keil}_{Cu/Au} + \Delta R^{Kugel}_{Cu/Al}\right)_j . \quad (75)$$

Das heißt, für die Temperaturlagerung bei 150 °C lassen sich die Summen von Kontaktwiderstandsänderungen ΔR_0 bzw. ΔR_{ij} als Funktion der Zeit t bestimmen. Parameter ist die Zusammensetzung des Drahtmaterials.

Die Widerstandsänderungen ΔR_0 und ΔR_{ij} ($\{i,j\} = \{1,2,\ldots,6\}$, $i \neq j$) können nach einer bestimmten Lagerzeit t_1 als normalverteilt angenommen werden /9/.

Für Mittelwert und mittlere Varianz der Widerstandsänderung $R_0(t_l)$ der mittleren Zinken-Zinken-Drahtbrücken der Referenzmoduls ergibt sich dann

$$\overline{\Delta R_0(t_l)} = \frac{1}{K} \sum_{k=1}^{K} \Delta R_{0k}(t_l) \tag{76}$$

bzw.

$$s^2\{\Delta R_{0k}(t_l)\} = \frac{1}{K-1} \sum_{k=1}^{K} (\overline{\Delta R_0(t_l)} - \Delta R_{0k}(t_l))^2, \tag{77}$$

wobei K die Anzahl der mit Cu-Werkstoffen ausgeführten Zinken-Zinken-Drahtbrücken und bei Verwendung des in Abschnitt 8.3. beschriebenen Bondschemas die Anzahl der untersuchten Testaufbauten ist.

Für die Ermittlung der analogen Größen für $\Delta R_i(t_l)$ bzw. $\Delta R_j(t_l)$ sind kombinatorische Betrachtungen nötig. Die Anzahl der möglichen Kombinationen von 2 Chip-Zinken-Drahtbrücken für die Messung des Widerstandes R_{ij} ist

$$\binom{p}{2} = \frac{p\cdot(p-1)}{1\cdot 2}, \tag{78}$$

wobei p die Anzahl der Chip-Zinken-Drahtbrücken pro Testaufbau ist.

Aus Plausibilitätsgründen gilt

$$\overline{\Delta R_i(t_l)} = \overline{\Delta R_j(t_l)} = \frac{1}{2}\overline{\Delta R_{ij}(t_l)} \tag{79}$$

sowie

$$s^2\{\Delta R_{ik}(t_l)\} = s^2\{\Delta R_{jk}(t_l)\} = \frac{1}{2} s^2\{\Delta R_{ijk}(t_l)\}. \tag{80}$$

Für Mittelwert und mittlere Varianz der Widerstandsänderung $\Delta R(t_l)$ der Chip-Zinken-Drahtbrücken folgt dann

$$\overline{\Delta R(t_l)} = \frac{1}{K \cdot \binom{p}{2}} \cdot \frac{1}{2} \sum_{k=1}^{K} \sum_{\substack{i,j=1 \\ i<j}}^{p} \Delta R_{ijk}(t_l) \tag{81}$$

bzw.

$$s^2\{\Delta R_{ik}(t_l)\} = \frac{1}{K \cdot \binom{p}{2} - 1} \cdot \frac{1}{2} \cdot \sum_{k=1}^{K} \sum_{\substack{i,j=1 \\ i<j}}^{p} (\overline{\Delta R(t_l)} - \Delta R_{ijk})^2. \tag{82}$$

Für das gewählte Bondschema (s. Abschnitt 8.3.) gilt $p = 6$ und damit ergibt sich aus den Gleichungen (81) und (82)

$$\overline{\Delta R(t_l)} = \frac{1}{30 \cdot K} \cdot \sum_{k=1}^{K} \sum_{\substack{i,j=1 \\ i<j}}^{6} \Delta R_{ijk}(t_l) \tag{83}$$

bzw.

$$s^2\{\Delta R_{ik}(t_l)\} = \frac{1}{2 \cdot (15K-1)} \cdot \sum_{k=1}^{K} \sum_{\substack{i,j \\ i<j}}^{6} (\overline{\Delta R(t_l)} - \Delta R_{ijk})^2. \tag{84}$$

Die experimentellen Ergebnisse für $\overline{\Delta R_o}$, $s\{\Delta R_{ok}\}$, $\overline{\Delta R}$ und $s\{\Delta R_{ik}\}$ sind für 5 Lagerzeiten, d. h. $l = 1,\ldots,5$ (t_l/h = 500,1000,2000,3000,5000) sowie für drei verschiedene Drahtmaterialien (Cu4N, CuZn1, CuNi1) in Tab. 17 und 18 angegeben. Frühausfälle, die auf eine ungenügende bondtechnologische Kontaktzuverlässigkeit (z. B. "Muschelbruch") zurückzuführen waren, wurden bei den hier zu betrachtenden, werkstoffphysikalisch bedingten Degradationen und Normalausfällen von Bondkontakten nicht berücksichtigt.

Obere Abschätzungen für die Konfidenzintervalle für $\overline{\Delta R_o}$, d. h. $\overline{\Delta R_o} + \Delta(\overline{\Delta R_o})$, lassen sich bei zweiseitiger Verteilung gemäß

$$\Delta(\overline{\Delta R_0}) = \frac{t(1-\frac{\alpha}{2}, \nu) \cdot s\{\Delta R_{0k}\}}{\sqrt{K}} \tag{85}$$

berechnen, wobei für eine Irrtumswahrscheinlichkeit α = 0.01 (99 % Sicherheit) sowie K = 4 t(3,0.995) = 5.841 gilt.

Tab. 17. Mittelwert und mittlere Varianz der Widerstandsänderung von Zinken-Zinken-Drahtbrücken aus Cu-Werkstoffen bei Temperaturlagerung (ϑ = 150 °C)

		Cu4N		CuZn1		CuNi1	
l	t_l/h	$\overline{\Delta R_0}$/mΩ	s/mΩ	$\overline{\Delta R_0}$/mΩ	s/mΩ	$\overline{\Delta R_0}$/mΩ	s/mΩ
1	500	0.0	0.1	-0.3	0.1	-0.2	0.2
2	1000	-0.2	0.1	-0.6	0.1	-0.6	0.1
3	2000	-0.1	0.1	-0.4	0.2	-0.3	0.1
4	3000	-0.1	0.1	-0.4	0.2	-0.4	0.1
5	5000	-0.2	0.1	-0.4	0.2	-0.3	0.1

Tab. 18. Mittelwert und mittlere Varianz der Widerstandsänderung von Chip-Zinken-Drahtbrücken aus Cu-Werkstoffen bei Temperaturlagerung (ϑ = 150 °C)

		Cu4N		CuZn1		CuNi1	
l	t_l/h	$\overline{\Delta R}$/mΩ	s/mΩ	$\overline{\Delta R}$/mΩ	s/mΩ	$\overline{\Delta R}$/mΩ	s/mΩ
1	500	-0.5	0.2	-0.5	0.2	-0.7	0.3
2	1000	-0.7	0.3	-0.7	0.5	-1.1	0.3
3	2000	-0.5	0.4	0.1	0.8	-0.6	0.4
4	3000	0.6	1.2	3.3	3.5	0.2	1.0
5	5000	2.8	2.5	7.9	6.6	1.3	2.0

Aus Tab. 17 ist

$$\overline{\Delta R_0} \leq 0 \, m\Omega \qquad (86)$$

und unter Verwendung von Gleichung (85)

$$|\overline{\Delta R_0}| \leq \Delta(\overline{\Delta R_0}) \qquad (87)$$

ersichtlich, d. h. es ist keine Signifikanz der Widerstandsänderungen nachweisbar. Diese Aussage gilt für Lagerzeiten $t_l \leq 5000$ h für alle untersuchten Drahtmaterialien. Daraus kann man folgern, daß im betrachteten Zeitraum keine Degradation von Cu/Au-Bondkontakten erfolgt.

Unter Vernachlässigung der Widerstandsänderung am Keilkontakt der Chip-Zinken-Drahtbrücken ($|\Delta R^{Keil}_{Cu/Au}| < 1 \, m\Omega$) folgt

$$\Delta R_{ik} \approx (\Delta R^{Kugel}_{Cu/Al})_{ik} \qquad (88)$$

bzw.

$$\overline{\Delta R} \approx \overline{\Delta R^{Kugel}_{Cu/Al}}. \qquad (89)$$

Die bei den Chip-Zinken-Drahtbrücken auftretenden Widerstandserhöhungen werden also an den chipseitigen Bondkontakten verursacht. Die Widerstandsänderungen an diesen Cu/Al-Kontakten $\Delta R^{Kugel}_{Cu/Al}$ werden im folgenden mit ΔR^{BK} bezeichnet.

8.4.4. Ausfallkriterien und Kategorien für Widerstandsänderungen

Die Festlegung von Kriterien für den Ausfall von Bondkontakten kann sowohl qualitativ (z. B. lichtmikroskopischen Beurteilung von Mikrorißbildungen am metallographischen Quer- oder Schrägschliff durch den Bondkontakt) als auch quantitativ (z. B. Messung von mechanischer Abreißkraft oder elektrischem Widerstandsanstieg) erfolgen. Wie in Abschnitt 8.2. erläutert, ist die Kombination zerstörungsfreier und zerstörender Methoden für die Beschreibung der Degradationsmechanismen an Bondkontakten sowie zum Aufstellen von Ausfallkriterien notwendig. Als zerstörungsfreies Prüfkriterium wurden in der Literatur sowohl absolute /214,219,220/ als auch relative /200/ Widerstandsänderungen verwendet. Da die Bezugsgröße für die relative Widerstandsänderung i. a. ein Gesamtwiderstand ist, der den Kontaktwiderstand (s. Abschnitt 5.1.2.) enthält, und wesentlich vom Aufbau der Meßobjekte und der Meßanordnung abhängt, können derartig aufgestellte Kriterien nicht verallgemeinert werden. Die Verwendung absoluter Widerstandsänderungen, die allein auf metallphysikalischen Prozessen beruhen, ist daher für das Aufstellen eines Ausfallkriteriums sowie das Kategorisieren von Widerstandsänderungen günstiger.

Von BLISH u. a. /219,220/ wurde festgestellt, daß die differentiellen Ergebnisse von Widerstandsmessungen nach der Vier-Punkt-Methode ein quantitatives Maß für die Degradation von Bondkontakten liefern. Ausgehend von der Korrelation des Kontaktwiderstandsanstieges mit Ergebnissen mechanischer Prüfverfahren (Abreiß- und Schertest) wurde für Au/Al-Kontakte ein Widerstandsanstieg von ΔR^{BK} = 20 mΩ pro Bondkontakt als Ausfallkriterium definiert.

Einfache Abschätzungen für die bei Bondkontakten typischen geometrischen Verhältnisse zeigen für die Werkstoffkombinationen Au/Al und Cu/Al, daß der Widerstandsanstieg, der auf den erhöhten spezifischen elektrischen Widerstand der intermetallischen Phasen zurückzuführen ist, klein im Verhältnis zu dem Widerstandsanstieg infolge Querschnittsverringerung ist. Daher ist es gerechtfertigt, das für Au/Al-Bondkontakte festgelegte Ausfallkriterium auf Cu/Al-Bondkontakte zu übertragen.

Die auftretenden Widerstandsänderungen an den Bondkontakten können in 4 Kategorien eingeteilt werden (für ΔR^{BK} > 0 mΩ wurde die in /219,220/ vorgenommene Einteilung übernommen):

i) ΔR^{BK} = -4...0 mΩ
Verbesserung der Kontaktausbildung infolge atomarer Transportprozesse (z. B. Interdiffusion)

ii) ΔR^{BK} = 0...4 mΩ
Beginn der intermetallischen Phasenbildung, noch keine Kontaktdegradation

iii) ΔR^{BK} = 4...20 mΩ
Bildung intermetallischer Phasen und Poren, Kontaktdegradation

iv) ΔR^{BK} ≥ 20 mΩ
Poren- und Mikrorißbildung, Kontaktausfall
(Diese Aussage basiert auf visuellen Beobachtungen und Abreißtests nach zerstörter Bauelementeverkappung /220/.)

Der Schwerpunkt der eigenen Untersuchungen /9/ lag im Bereich iii), da dieser für die Untersuchung der Kinetik der Kontaktdegradation geeignet ist. Widerstandsanstiege in diesem Bereich (ΔR^{BK} = 4...20 mΩ) sind im wesentlichen ein Maß für den Grad der Porenbildung infolge des Wachstums intermetallischer Phasen.

8.4.5. Statistische Auswertung der Meßdaten

8.4.5.1. Vergleich der Mittelwerte und Varianzen von Widerstandsänderungen unterschiedlicher Werkstoffkombinationen

Um die Schlußfolgerungen aus den experimentell ermittelten Ergebnissen zu objektivieren, werden Mittelwerte und Varianzen der für unterschiedliche Drahtmaterialien ermittelten Widerstandsänderungen der Chip-Zinken-Drahtbrücken (s. Tab. 18) berechnet und bewertet.

Für den Vergleich zweier Mittelwerte kann der t-Test verwendet werden, für den Vergleich zweier Varianzen benutzt man oft den F-Test /346/. Da man vor dem Mittelwertvergleich wissen muß, ob sich die Varianzen der Stichproben signifikant unterscheiden, ist zuerst der Varianzvergleich durchzuführen. Multiple Mittelwert- bzw. Varianzvergleiche (im speziellen Fall für 3 Stichproben) können durch paarweises Prüfen auf Zwei-Mittelwert- bzw. Zwei-Varianzen-Fälle zurückgeführt werden (s. Tab. 19 und 20).

Aus dem Varianzvergleich wird sichtbar, daß die Stabilität des Mehrkomponentenkontaktsystems CuZn1/AlSi1 nach 5000 h Temperaturlagerung bei 150 °C signifikant schlechter ist als für die Kontaktsysteme Cu4N/AlSi1 und CuNi1/AlSi1.

Tab. 19. Varianzvergleich für Widerstandsänderungen von Chip-Zinken-Drahtbrücken nach 5000 h Temperaturlagerung (Drahtmaterial: Cu4N, CuZn1, CuNi1), P = 1 - α, α = 0.01

i	1 (CuZn1)	2 (Cu4N)	3 (CuNi1)
$s_i^2/m\Omega^2$	6.6^2	2.5^2	2.0^2
$v_i = K\cdot\binom{P}{2}-1$	23	23	23

	1–2	2–3
$F_{exp} = \frac{s_i^2}{s_{i+1}^2}$	$(6.6/2.5)^2 = 6.97$	$(2.5/2.0)^2 = 1.56$
$F_{Tab} = F(v_i; v_{i+1}; P)$	$F(23; 23; 0.99) \approx 2.70$	$F(23; 23; 0.99) \approx 2.70$
$F_{exp} > F_{Tab}$?	ja	nein
Ergebnis	Varianzen unterscheiden sich signifikant (α=0,01)	Varianzen unterscheiden sich nicht signifikant (α=0,01)

Tab. 20. Mittelwertvergleich für Widerstandsänderungen von Chip-Zinken-Drahtbrücken nach 5000 h Temperaturlagerung (Drahtmaterial: Cu4N, CuZn1, CuNi1), P = 1 - α, α = 0.01

i	1 (CuZn1)	2 (Cu4N)	3 (CuNi1)
$\bar{y}_i^2/m\Omega$	7.9	2.8	1.3
$s_i^2/m\Omega^2$	6.6	2.5	2.0

	1–2	2–3
$s\{\bar{y}_i - \bar{y}_{i+1}\}/m\Omega = \sqrt{\frac{s_i^2 + s_{i+1}^2}{K\cdot\binom{P}{2}}}/m\Omega$	$\sqrt{\frac{6.6^2+2.5^2}{24}} = 1.44$	$\sqrt{\frac{2.5^2+2.0^2}{24}} = 0.65$
v [1]	$\frac{23\cdot(6.6^2+2.5^2)}{6.6^4+2.5^4} \approx 29$	$2\cdot 23 = 46$
$t_{exp} = \frac{\bar{y}_i - \bar{y}_{i+1}}{s\{\bar{y}_i - \bar{y}_{i+1}\}}$	$\frac{7.3 - 2.8}{1.44} = 3.54$	$\frac{2.8 - 1.3}{0.65} = 2.31$
$t_{Tab} = t(v; P)$	$t(29; 0.99) = 2.76$	$t(4.6; 0.99) = 2.7$
$t_{exp} > t_{Tab}$?	ja	nein
Ergebnis	Mittelwerte unterscheiden sich signifikant (α = 0.01)	Mittelwerte unterscheiden sich nicht signifikant (α = 0.01)

[1] $v = 2\cdot[K\cdot\binom{P}{2}-1]$ für nicht signifikant unterschiedliche Varianzen

$$v = \frac{[K\cdot\binom{P}{2}-1]\cdot(s_i^2+s_{i+1}^2)}{s_i^4+s_{i+1}^4}$$ für signifikant unterschiedliche Varianzen

Aus dem Mittelwertvergleich folgt, daß nach 5000 h Temperaturlagerung bei 150 °C beim Kontaktsystem CuZn1/AlSi1 mit einer Sicherheit von 99 % signifikant größere Widerstandsänderungen auftreten als bei den Kontaktsystemen Cu4N/AlSi1 und CuNi1/AlSi1.

Die Widerstandsänderungen bei den Kontaktsystemen Cu4N/AlSi1 und CuNi1/AlSi1 führen bei der angegebenen Belastung mit einer Sicherheit von 95 % zu signifikanten Unterschieden.

8.4.5.2. Bestimmung der Toleranzintervalle und Vergleich mit einseitiger Toleranzgrenze (Ausfallkriterium)

Das Toleranzintervall ± K · s ist das Intervall um den Mittelwert $\overline{\Delta R}$ des Widerstandsanstieges, in dem sich mit vorgegebener Wahrscheinlichkeit ein bestimmter Prozentanteil der R-Meßwerte befindet. Das Ausfallkriterium (s. Abschnitt 8.4.4.) stellt eine einseitige Toleranzgrenze dar.

Für t_1 = 5000 h sind für den Fall, daß 24 Meßwerte zu der Stichprobe führen, für unterschiedliche Wahrscheinlichkeiten und Prozentanteile die K-, K · s- und ($\overline{\Delta R}$ + K · s)-Werte in Tab. 21 und 22 angegeben.

Tab. 21. K · s-Werte/mΩ

Wahrscheinlichkeit/Anteil		99/99	95/99	95/95	90/90	75/95
K		3.638	3.181	2.309	1.712	1.901
Draht	s/mΩ					
Cu4N	2.5	9.1	8.0	5.8	4.3	4.8
CuZn1	6.6	24.0	21.0	15.2	11.3	12.5
CuNi1	2.0	7.3	6.4	4.6	3.4	3.8

Tab. 22. ($\overline{\Delta R}$ + K · s)-Werte/mΩ

Wahrscheinlichkeit/Anteil		99/99	95/99	95/95	90/90	75/95
K		3.638	3.181	2.309	1.712	1.901
Draht	$\overline{\Delta R}$/mΩ					
Cu4N	2.8	11.9	10.8	11.4	7.1	7.6
CuZn1	7.9	31.9	28.9	23.1	19.2	20.4
CuNi1	1.3	8.6	7.7	5.9	4.7	5.1

Unter der Voraussetzung, daß alle Meßwerte bis hin zu kleinsten Wahrscheinlichkeiten einer Normalverteilung genügen, kann man extrapolieren, daß für Cu4N- und CuNi1-Mikrodrähte die Kontaktwiderstandserhöhungen nach 5000 h Temperaturlagerung bei 150 °C für 99 % der Cu/Al-Bondkontakte mit 99 %iger Sicherheit unterhalb der Toleranzgrenze (Ausfallkriterium) liegen, für CuZn1-Mikrodrähte für 90 % der Cu/Al-Bondkontakte mit 90 %iger Sicherheit.

Für den Nachweis, ob diese Extrapolation - ausgehend von der relativ kleinen Stichprobe - gerechtfertigt ist, sind gesonderte Großzahlversuche (an einigen 1000....10000 Bondkontakten) erforderlich. Insbesodere sind von der Normalverteilung abweichende, extreme Meßwerte ("Ausreißer"), die bei kleinen Meßreihen nicht erkannt werden, zu analysieren.

8.4.6. Interpretation der Ergebnisse der Widerstandsmessungen

In der ersten Phase der Temperaturlagerung bei 150 °C wird für alle Drahtmaterialien ein Abfall des Kontaktwiderstandes beobachtet, der mit einer Verbesserung der Verbindungsbildung (z. B. durch Vergrößerung der realen Kontaktfläche) infolge von Interdiffusionsprozessen erklärt werden kann.

Der sich anschließende Widerstandsanstieg genügt nicht dem parabolischen Wachstumsgesetz für intermetallische Phasen (s. Abschnitt

4.6.3.). Da es sich bei der Degradation von Bondkontakten offensichtlich um einen komplexen Prozeß von atomaren Transportmechanismen und chemischen Reaktionen handeln kann und die Geometrie und Morphologie der Kontaktzone kompliziert sind, ist es nicht überraschend, daß die Meßdaten mit keinem einfachen Modell korrespondieren.

Die Ursachen für den Widerstandsanstieg in Cu/Al-Bondkontakten bei Temperaturlagerung sind mit mikropräparativen und mikroanalytischen Methoden aufzuklären (s. Abschnitte 8.5. und 8.6.).

Wie in den Abschnitten 8.4.5.2. und 8.4.5.3. gezeigt wurde, sind die Zuverlässigkeitsaussagen insbesondere für Cu4N/AlSi1- und CuNi1/AlSi1-Bondkontakte positiv.

Eine Ursache für den geringen Widerstandsanstieg bei CuNi1/AlSi1-Bondkontakten kann das höhere chemische Bindungsbestreben des Al zu Ni als zu Cu und eine daraus resultierende bevorzugte Bildung von Al-Ni-Paaren, die die Diffusion behindern, sein /9/.

8.5. Mikropräparation von Bondkontakten

Die Darstellung der Struktur- und Gefügeinhomogenitäten in Bondkontakten (Bildung von intermetallischen Phasen, Poren und Mikrorissen) stellt an die metallographische Präparation höchste Anforderungen /3,347/. Das ist insbesondere in der Folge von Werkstoffen unterschiedlichster Härte und Verformbarkeit (Si, Al, Cu, intermetallische Phasen) in Mikrometer- und Submikrometerbereichen begründet.

Die Quer- und Schrägschliffe an den Proben wurden nach Epoxydharzeinbettung mittels Naßschleifen (bis 600er Papier) und anschließendem Diamantpolieren hergestellt.

Eine weitere Möglichkeit zur Mikropräparation von Bondkontakten, stellt das Ionenstrahl-Böschungsschnitt-Verfahren /341-344/ dar, das auf dem Prozeß des Zerstäubens von Probenmaterial bei Ionenbeschuß beruht. Der gezielte Materialabtrag wird durch die hohe Parallelität des Ionenstrahlbündels und seine hohe räumliche und zeitliche Stabilität erreicht (s. Abb. 47). Prinzipiell ist es möglich, ohne mechanische Einwirkung unter einem beliebigen Winkel eine glatte Schnittfläche an Schichtsystemen herzustellen.

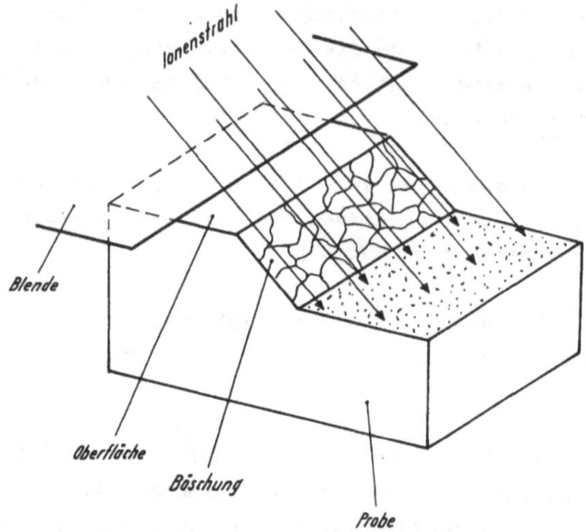

Abb. 47. Prinzip des Ionenstrahl-Böschungsschnitt-Verfahrens, aus /341

Zur Herstellung im Transmissions-Elektronen-Mikroskop durchstrahlbarer Probenbereiche (< 1 µm bei Untersuchung im Höchstspannungselektronenmikroskop) stellt der gezielte, fein dosierte Ionenbeschuß (Ionenstrahl-Mikrotom) eine geeignete Methode dar. Damit ist es möglich, den Bondkontakt keilförmig so zu präparieren, das die Keilspitze das Untersuchungsobjekt enthält.

8.6. Mikroanalytik

8.6.1. Lichtmikroskopische Betrachtung

Die lichtmikroskopische Betrachtung von metallographischen Querschliffen durch Cu/Al-TS-Kugel-Bondkontakte zeigt im Ausgangszustand meist eine sehr gute Kontaktausbildung /9/. Nach Temperaturlagerung bei 150 °C (t_{max} = 5000 h) sind intermetallische Cu-Al-Phasen geringer lateraler Ausdehnung sichtbar. Nach 3000 h ist die Phasenschichtdicke Δx = 0.3...0.5 µm. Nach 5000 h sind zwei Cu-Al-Phasen unterschiedlicher Färbung mit einer Gesamtdicke von Δx = 1.0 µm erkennbar, wobei die Phase mit der größten lateralen Ausdehnung eine graue Färbung hat. Aus dem Vergleich mit der in Tab. 10 vorgenommenen Farbcharakterisierung der intermetallischen Phasen folgt, daß es sich um die CuAl-Phase handelt. Bei den untersuchten Cu4N/AlSi1- und CuNi1/AlSi1-Kontakten ist noch nicht die gesamte AlSi1-Metallisierungsschicht verbraucht, d. h. die intermetallischen Phasen sind noch nicht über die gesamte Kontaktfläche bis zum Si-Kristall durchgewachsen. Im Kontaktbereich der CuZn1/AlSi1-Kontakte ist die AlSi1-Schicht im wesentlichen verbraucht. Nach 5000 h Temperaturlagerung bei 150 °C ist - insbesondere bei CuZn1/AlSi1-Bondkontakten - der Beginn von Porenbildungen erkennbar, die vor allem auf den Volumeneffekt infolge intermetallischer Phasenbildung zurückgeführt werden (Beginn der Kontaktdegradation).

Bei keinen Quer- bzw. Schrägschliffen sind Anzeichen von Kontaktkorrosion sowie Rißbildungen in der Verbindungszone sichtbar.

8.6.2. Scanning-Auger-Spektroskopie

Die Scanning-Auger-Spektroskopie (SAM) ist insbesondere bei geringen lateralen Ausdehnungen der zu untersuchenden Probenbereiche, wie sie bei intermetallischen Cu-Al-Phasen an Bondkontakten auftreten (ca. 1 µm nach 5000 h Temperaturlagerung bei 150 °C), eine geeignete Analytikmethode. Um die Ausdehnung des mittels AES-Punktanalysen auszuwertenden Grenzschichtbereiches in der Schliffebene durch die Bondkontakte zu vergrößern, wurden metallographische Schrägschliffe angefertigt, wobei der Winkel zwischen Schliffebene und Cu/Al-Grenzschicht 30° bzw. 45° betrug.

Vor jeder AES-Messung wurde das Meßgebiet mit Ar^+-Ionen mehrere Minuten gesputtert, um Verunreinigungen vom Schleif- und Polierprozeß sowie störende Kontaminationsschichten zu beseitigen (Sputterbedingungen: U = 4 kV, j = 320...400 $uAcm^{-2}$, Raster 1.5 x 1.5 mm^2).

Die Parameter der Elektronenkanone wurden in Abhängigkeit von den Abbildungsbedingungen und dem Signal-Untergrund-Verhältnis optimiert (U = 10 kV, I = 90...100 nA). Aus diesen Meßbedingungen resultiert ein Elektronenstrahldurchmesser von ca. 300 nm.

Für Voruntersuchungen wurden die fünf stöchiometrisch zusammengesetzten Cu-Al-Verbindungen $CuAl_2$, CuAl, Cu_4Al_3, Cu_3Al_2 und Cu_9Al_4, die gemäß Zustandsdiagramm (s. Abb. 30) im untersuchten Temperaturbereich an Cu/Al-Bondkontakten gebildet werden können, im Vakuuminduktionsofen erschmolzen und zur Homogenisierung 150 h bei 550 °C getempert. Die Einphasigkeit dieser Referenzproben wurde röntgendiffraktometrisch bzw. mittels ESMA bestätigt.

AES-Untersuchungen an diesen Referenzproben haben gezeigt, daß Lage und Form des hochenergetischen Al-KLL-Peaks für reines Al und für die Cu-Al-Verbindungen deutliche Unterschiede aufweisen (reines Al: 1396 eV, Cu-Al-Verbindungen: 1394 eV), bei einer energetischen Auflösung von ca. 1 eV jedoch keine Unterscheidung zwischen den fünf Cu-Al-Verbindungen möglich ist. Die Auswertung des niederenergetischen Al-LVV-Peaks ist wegen der Überlagerung mit dem Cu-MVV-Peak problematisch. Die Phasenidentifizierung erfolgte deshalb über das Intensitätsverhältnis von Cu-LMM-Peak bei ca. 920 eV zu Al-KLL-Peak bei ca. 1394 eV (s. Tab. 23) /9/.

Tab. 23. Intensitätsverhältnisse I_{Cu-LMM}/I_{Al-KLL} für Cu-Al-Verbindungen /9/

Cu-Al-Verbindung	I_{Cu-LMM}/I_{Al-KLL}
$CuAl_2$	2.1 ± 0.3
CuAl	3.6 ± 0.4
Cu_4Al_3	4.0 ± 0.4
Cu_3Al_2	5.2 ± 0.4
Cu_9Al_4	5.8 ± 0.4

Für die AES-Punktanalysen an Cu/Al-Bondkontakten, an denen 5000 h Temperaturlagerung bei 150 °C erfolgt war, wurden jeweils 5 Meßpunkte im Bereich der Cu-Al-Phasenschicht gesetzt. In Cu4N/AlSi1- und CuNi1/AlSi1-Kontakten wurde reines Al (bzw. AlSi1) registriert, in CuZn1/AlSi-Kontakten nicht. Dieses Ergebnis ist in Übereinstimmung mit den in Abschnitt 8.6.1. beschriebenen lichtmikroskopischen Betrachtungen. In allen untersuchten Kontaktsystemen (Cu4N/AlSi1, CuZn1/AlSi1, CuNi1/AlSi1) erfolgte der Nachweis der $CuAl_2$-Phase und - unter Berücksichtigung der Farbcharakterisierung, vgl. Tab. 10 und Abschnitt 8.6.1. - der CuAl-Phase (schematische Darstellung der Phasenbildung s. Abb. 36). Wegen der geringen Unterschiede im Intensitätsverhältnis I_{Cu-LMM}/I_{Al-KLL} für die Phasen CuAl und Cu_4Al_3 kann das zusätzliche Auftreten der Cu_4Al_3-Phase nicht ausgeschlossen werden. Die Cu-reichen Phasen Cu_3Al_2 und Cu_9Al_4 wurden nicht nachgewiesen. Die Entscheidung, ob diese Phasen nicht auftreten oder infolge zu geringer lateraler Ausdehnung experimentell nicht ermittelt wurden, ist - wie bereits in Abschnitt 4.6.3. erläutert wurde - nicht möglich /9/.

8.7. Schlußfolgerungen zur Degradation von Cu/Al-Bondkontakten

Die Kombination von mehreren metallphysikalischen Untersuchungsmethoden führte zu Aussagen zur werkstoffphysikalischen Zuverlässigkeit des Kontaktsystems Cu/Al. Die Widerstandsmessungen dienten der Feststellung von Kontaktwiderstandsänderungen und von Kontaktausfällen. Die Kombination mit mikropräparativen und mikroanalytischen Methoden ermöglicht die Deutung der Ursachen für die Degradation von Bondkontakten.

Im Ausgangszustand zeigen die Cu/Al-Bondkontakte meist eine sehr gute Kontaktausbildung. Infolge Temperaturlagerung bei 150 °C bilden sich intermetallische Cu-Al-Phasen, deren laterale Ausdehnung bei gleichen Belastungsbedingungen wesentlich geringer als die der Au-Al-Phasen ist.

Nach 5000 h Temperaturlagerung bei 150 °C wurden bei allen untersuchten Werkstoffkombinationen mittels AES-Punktanalysen die intermetallischen Phasen $CuAl_2$ und CuAl nachgewiesen. Bei CuZn1/AlSi1-Kontakten ist nach dieser Belastung die AlSi1-Metallisierungsschicht bereits verbraucht, bei den Cu4N/AlSi1- und CuNi1/AlSi1-Kontakten ist die Phase noch nicht über die gesamte Kontaktfläche bis zum Si-Substrat durchgewachsen.

Das Durchwachsen der Cu-Al-Phasenschicht kann - wie bereits in Abschnitt 6.1.3.2. für die Degradation von Au/Al-Kontakten diskutiert - zu einer beschleunigten Poren- und Rißbildung an der Kontaktperipherie führen. Der Anstieg des Kontaktwiderstandes für CuZn1/AlSi1-Kontakte nach 5000 h Temperaturlagerung bei 150 °C, der vor allem aus der Bildung von Mikroporen (und nur zum geringeren Teil aus dem höheren spezifischen elektrischen Widerstand der intermetallischen Cu-Al-Phasen im Vergleich zu den reinen Komponenten) resultiert, deutet - im Vergleich zu den Cu4N/AlSi1- und CuNi1/AlSi1-Kontakten - auf den Beginn einer derartigen Degradation hin.

Insgesamt weisen Widerstandsmessungen und metallographische Ergebnisse übereinstimmend nach, daß bei Cu/Al-Bondkontakten sowohl Kirkendall-Effekt als auch das Wachstum intermetallischer Phasen und die damit im Zusammenhang stehenden Effekte (z. B. "Volumeneffekt") in wesentlich geringerem Umfang auftreten als bei Au/Al-Bondkontakten. Infolge Temperaturlagerung bei 150 °C (t_{max} = 5000 h) kam es zu keinen metallphysikalisch bedingten Ausfällen an Cu/Al-Bondkontakten. Insbesondere Cu4N/AlSi1- und CuNi1/AlSi1-Kontakte weisen eine hohe werkstoffphysikalische Kontaktzuverlässigkeit auf /9,290/.

Die hohe werkstoffphysikalische Zuverlässigkeit der beim TS-Kugel-Keil-Bonden mit Cu-Mikrodrähten entstehenden Bondkontakte (chipseitiges Kontaktsystem: Cu/Al; trägerstreifenseitige Kontaktsysteme: Cu/Au bzw. Cu/Ag, s. Kap. 7) stellt - bei Sicherung der erforderlichen Oberflächenqualität und Verformbarkeit der Bonddrähte und -kugeln - ein wesentliches Argument für die Substitution von Au-Mikrodrähten dar. Damit ist der Einsatz von Cu-Mikrodrähten für das TS-Kugel-Keil-Bonden integrierter Schaltkreise im Plastgehäuse aus der Sicht der Kontaktzuverlässigkeit eine mögliche Alternative zur Goldmikrodraht-Standardtechnologie.

9. LITERATURVERZEICHNIS

/1/ J. Bauer, Mikroelektronik Bd. 3, Verlag Oldenbourg, München 1969

/2/ K. Nitzsche, Nachrichtentechnik-Elektronik, 30, 15(1980)

/3/ A. Bischoff, F. Aldinger, Proc. 34th Electronics Components Conference, New Orleans 1984, pp. 411

/4/ S. Tomiyami, Y. Fukui, Gold Bulletin 15, 43(1982)

/5/ I. Nashino, K. Mukoyama, S. Tomiyama, Proc. 37th Electronics Components Conference, Boston 1987, pp. 626

/6/ P. Fischer, J. Grafe, W. Schneider, 32. Int. Wiss. Koll., Ilmenau 1987

/7/ H. H. Daut, R. Juknat, M. Köllner, W. Schneider, H. Opitz, Z. Metallkde., in Vorbereitung

/8/ W. Schneider, J. Junge, F. Rudolf, P. Fischer, Proc. 29. Int. Wiss. Koll., Ilmenau 1984, pp. 173

/9/ E. Zschech, Dissertation B, TU Dresden 1988

/10/ K. Schade, Halbleitertechnologie Bd.2, VEB Verlag Technik, Berlin 1983

/11/ H. J. Hanke, H. Fabian, Technologie elektronischer Baugruppen, VEB Verlag Technik, Berlin 1975

/12/ T. J. Angelucci, Solid State Technol. 19, 21(1976)

/13/ F. Rudolf, B. Lauterwald, P. Bartsch, F. Kriebel, H. J. Lessig, Schweißtechnik 32, 554(1982)

/14/ F. Rudolf, Schweißtechnik 36,353 (1986)

/15/ P. Bartsch, Feingerätetechnik 29, 3(1980)

/16/ S. Eichhorn, H. L. Oppe, Feinwerktechnik 71, 449(1967)

/17/ T. H. Ramsey, Ceramic Bulletin 50, 671(1971)

/18/ A. Seeger, Kristallplastizität, in: Handbuch der Physik, Bd. VII/2, Springer-Verlag, Berlin 1958

/19/ A. Seeger, Moderne Probleme der Metallphysik, Springer-Verlag, Berlin 1965

/20/ H. J. Lißner, Feingerätetechnik 28, 27(197[illegible])

/21/ T. G. Oneill, Semicond. Intern. (3), 59(1980)

/22/ P. S. Burggraff, Semicond. Intern. (4), 27(1980)

/23/ F. Rudolf, Nachrichtentechnik-Elektronik 30, 115(1980)

/24/ F. Rudolf, Schweißtechnik 32, 497(1982)

/25/ W. Markstein, Electronic Packaging and Production 24, 88(1984)

/26/ P. Bartsch, F. Rudolf, R. Weihmann, Feingerätetechnik 35, 218(1986)

/27/ J. Grafe, Dissertation, IHS Dresden 1986

/28/ H. Opitz, G. Herz, J. Köhler, H. H. Daut, R. Juknat, Proc. 32. Int. Wiss. Koll., Ilmenau 1987, Reihe PB1-4, p. 117

/29/ J. Köhler, Dissertation, TU Dresden, 1988

/30/ B. L. Gehman, K. E. Ritala, L. L. Erikson, Solid State Technol. 26, 151(1983)

/31/ J. Kurtz, D. Cousens, M. Dofour, Proc. 34th Electronics Components Conference, New Orleans 1984, pp. 1

/32/ J. Hirota, K. Machida, T. Okuda, Proc. 35th Electronics Components Conference, Washington 1985, pp. 116

/33/ I. M. Cohen, P. S. Ayyaswamy, Solid State Technol. 28, 89(1985)

/34/ G. Schuller, J. de Vries, DVS-Berichte 102, 44(1986)

/35/ L. Mattheier, Diplomarbeit, Sektion Elektronik-Technologie und Feingerätetechnik der TU Dresden 1986

/36/ R. V. Winkle, S. R. Cafer, Proc. Internat. Sympos. on Microelectronics 1987, pp. 34

/37/ J. Onuki, M. Suwa, T. Iizuka, S. Okikawa, Proc. 34th Electronics Components Conference, New Orleans 1984, pp. 7

/38/ K. Hausmann, Diplomarbeit, Universität Erlangen 1984

/39/ K. Hausmann, H. U. Künzli, B. Ilschner, DVS-Berichte 102, 69(1986)

/40/ R. Hofbeck, K. Hausmann, B. Ilschner, H. U. Künzl, Scripta Metallurgica 20, 1601(1986)

/41/ F. Thümmler, Wissenschaftliche Grundlagen der Sintervorgänge, in: F. Eisenkolb, Fortschritte der Pulvermetallurgie, VEB Verlag Technik, Berlin 1963

/42/ H. Eigler, Dissertation B, TH Ilmenau 1970

/43/ W. Scheel, Dissertation B, TH Magdeburg 1978

/44/ A. J. Masur, W. P. Alechin, M. Schorschorov, Prozessy svarki, paiki v proisvodstve poluprovodnikovych priborov, Radio i svjas, Moskva 1981

/45/ W. Scheel, Schweißtechnik 27, 313(1977)

/46/ A. Smekal, Powder Met. Bull. 4, 120(1949)

/47/ F. Thümmler, Gemeinsame Grundlagen von Preßschweiß- und Sintervorgängen, in: F. E. Erdmann-Jeßnitzer, Werkstoff und Schweißung Bd. 3, Akademie-Verlag, Berlin 1959

/48/ W. S. Kasatkin, G. N. Korab, Atom. Svarka 20, 4(1967)

/49/ W. Werner, Dissertation, TU Dresden 1985

/50/ W. Werner, K. Berndt, Wiss. Z. TU Dresden 35, 73(1986)

/51/ K. H. Bleich, Dissertation, TH Magdeburg 1986

/52/ W. Schatt, Einführung in die Werkstoffwissenschaft, VEB Deutscher Verlag für Grundstoffindustrie, Leipzig 1983

/53/ V. I. Vladimirov, Einführung in die physikalische Theorie der Plastizität und Festigkeit, Leipzig 1976

/54/ V. P. Alechin, Fizika procnosti i plasticnosti poverchnostnych sloev materialov, Moskva 1983

/55/ F. B. Bowden, D. Tabor, Reibung und Schmierung fester Körper, Springer-Verlag, Berlin 1959

/56/ J. L. Krasulin, Vzaimodejstvie metalla s poluprovodnikom v tverdoj faze, Nauka, Moskva 1971

/57/ G. G. Harmann, J. Albers, IEEE Trans. on Parts, Hybrids and Packaging PHP-13, 406(1977)

/58/ H. Opitz, Feingerätetechnik 28, 404(1979)

/59/ F. Rudolf, Ch. Küttner, E. Zschech, K. H. Rudolph, Schweißtechnik, in Vorbereitung

/60/ P. A. Thiessen, Physikalisch-chemische Untersuchungen tribochemischer Vorgänge, Akademie-Verlag, Berlin 1967

/61/ G. Heinicke, Tribochemistry, Akademie-Verlag, Berlin 1984

/62/ A. Smekal, Naturwissenschaften 30, 224(1942)

/63/ P. Drews, Dissertation, Aachen 1966

/64/ J. Wodara, S. Eckardt, Schweißtechnik 32, 436(1982)

/65/ S. Eckardt, Dissertation, TH Magdeburg 1983

/66/ A. Riggs, Acta Metallurgica 12, 952(1964)

/67/ W. Witzel, Dissertation, TU Braunschweig, 1971

/68/ W. Schatt, E. Friedrich, K. P. Wieters, Freiberger Forschungshefte B 253, 1(1985)

/69/ F. Sauerwald, Z. Physik. Chemie 209, 206(1958)

/70/ W. Dippe, Dissertation, TH Magdeburg 1971

/71/ E. Heymann, Dissertation, TH Magdeburg 1972

/72/ W. W. Frolov, W. N. Winokurov, W. A. Parachin, I. A. Arutjunova, Teoreticeskie osnovy svarki, Moskva 1970

/73/ D. G. Davis, IEEE Trans. on Parts, Hybrids and Packaging PHP-8, 48(1972)

/74/ H. J. Albrecht, Dissertation, Humboldt-Universität Berlin 1980

/75/ H. H. Daut, R. Juknat, F. Leister, H. Opitz, W. Schneider, Stahlberatung, eingereicht

/76/ T. H. Ramsay, Solid State Technol. 16(10), 43(1973)

/77/ B. L. Gehman, Solid State Technol. 23(3), 84(1980)

/78/ G. P. Mc Gill, L. R. Moor, Semicond. Internat. (3), 71(1980)

/79/ G. Häußler, Freiberger Forschungshefte B 234, 7(1983)

/80/ G. Häußler, H. H. Daut, S. Skladnikiewitz, Stahlberatung 11, 1(1984)

/81/ G. J. Dawes, K. J. Johnson, M. H. Scott, Electrocomp. Sci. Technol. 7, 119(1980)

/82/ A. Bischoff, F. Aldinger, Semicond. Internat. (5), 65(1982)

/83/ A. Bischoff, F. Aldinger, Proc. 32nd Electronics Components Conference, San Diego 1982, pp. 254

/84/ H. Opitz, J. Grafe, Proc. 29. Int. Wiss. Koll., Ilmenau 1984, Reihe B 3/4, pp. 29

/85/ J. Grafe, H. Opitz, Proc. 29. Int. Wiss. Koll., Ilmenau 1984, Reihe B 3/4, pp. 33

/86/ M. Sheaffer, L. R. Levine, B. Schlain, Proc. Internat. Electronic Manufacturing Technology Symposium, San Francisco 1986, pp. 103

/87/ L. Levine, M. Sheaffer, Semicond. Internat. (8), 126(1986)

/88/ W. C. Shumay, Advanced Materials and Processes inc. Metal Progress (11), 38(1986)

/89/ K. Atsumi, T. Ando, Proc. Internat. Sympos. on Microelectronics 1986, pp. 132

/90/ K. Atsumi, T. Ando, M. Kobayashi, O. Usuda, Proc. 36th Electronics Components Conference, Seattle 1986, pp. 312

/91/ H. H. Daut, R. Juknat, M. Köllner, F. Leister, H. Opitz, W. Schneider, Proc. 32. Int. Wiss. Koll., Ilmenau 1987, Reihe BP1-4, p. 115

/92/ R. Lohmann, Metall 41, 1108(1987)

/93/ A. J. Otto, Proc. 37th Electronics Components Conference, Boston 1987, pp. 550

/94/ H. Berek, S. Gärtner, R. Juknat, Europ. Meeting on Positron Annihilation, Wernigerode 1987

/95/ H. Förster, J. Radional. Chem. 58, 205(1980)

/96/ H. Förster, A. Imre, Radiochem. Radioanal. Lett. 50, 121(1981)

/97/ H. Förster, I. Schäfer, A. Czanady, Gy. Vekey, Aluminium 62, 672(1986)

/98/ I. P. Batra, L. Kleinmann, J. Electron. Spectrosc. 33, 175(1984)

/99/ D. Norman, J. Phys. C 19, 3273(1986)

/100/ J. Stöhr, L. I. Johansson, S. Brennan, M. Hecht, J. N. Miller, Phys. Rev. B 22, 4052(1980)

/101/ K. Hauffe, Oxidation in Metallen und Metallegierungen, Springer-Verlag, Berlin 1956

/102/ G. Andermann, Appl. Surface Sci. 31, 1(1988)

/103/ R. F. Tylecote, J. Inst. Metals 78, 301(1950/51)

/104/ U. Döbler, K. Baberschke, J. Stöhr, D. A. Outka, Phys. Rev. 31, 2532(1985)

/105/ R. Mayer, C. S. Zhang, K. G. Lynn, Phys. Rev. 33, 8899(1986)

/106/ P. H. Citrin, J. Phys. 47, C8-437(1986)

/107/ K. Barton, Schutz gegen atmosphärische Korrosion, Theorie und Technik, Verlag Chemie, Weinheim 1973

/108/ I. L. Rosenfeld, V. P. Persianceva, Ingibitory atmosfernoj korrozii, Nauka, Moskva 1985

/109/ F. Mansfeld, T. Smith, E. P. Parry, Corros. 27, 289(1971)

/110/ D. Chadwieck, T. Hashemi, Corros. Sci. 18, 39(1978)

/111/ P. G. Fox, G. Lewis, P. J. Boden, Corros. Sci. 19, 457(1979)

/112/ J. Rubim, I. G. R. Gutz, O. Sala, W. J. Orville-Thomas, J. Mol. Struct. 100, 571(1983)

/113/ M. Bakszt, Metal Finishing 83, 35(1985)

/114/ M. Fleischman, Electrochim. Acta 30, 879(1985)

/115/ V. S. Sastri, R. H. Packwood, Werkst. Korros. 38, 77(1987)

/116/ R. Youda, H. Nishihara, K. Aramaki, Corros. Sci. 28, 87(1988)

/117/ D. Kuron, A. Botta, H. Graefen, Werkst. Korros. 36, 407(1985)

/118/ V. P. Persianceva, Yu. I. Kuznezov, I. L. Rosenfeld, Zashita Metallov 19, 231(1983)

/119/ M. Bowker, R. J. Madix, Surface Sci. 102, 542(1981)

/120/ B. E. Hayden, K. Prince, D. P. Woodruff, A. M. Bradshaw, Surface Sci. 133, 589(1983)

/121/ J. Stöhr, D. Outka, R. J. Madix, U. Döbler, Phys, Rev. Lett. 43, 1256(1985)

/122/ D. A. Outka, R. J. Madix, J. Stöhr, Surface Sci. 164, 235(1985)

/123/ A. Puschmann, J. Haase, M. D. Crapper, C. E. Riley, D. P. Woodruff, Phys. Rev. Lett. 54, 2250(1985)

/124/ M. D. Crapper, C. E. Riley, D. P. Woodruff, A. Puschmann, J. Haase, Surface Sci. 171, 1(1986)

/125/ J. A. Rodriguez, C. T. Campbell, Surf. Sci. 183, 449(1987)

/126/ E. P. G. T. Van de Ven, H. Koelmans, J. Electrochem. Soc. 123, 143(1976)

/127/ G. L. Schnable, R. B. Comizzoli, W. Kern, L. K. White, RCA Rev. 40, 416(1979)

/128/ J. J. Stepan, J. A. Roth, L. C. Hall, D. A. Jeannotte, S. P. Carbone, J. Electrochem. Soc. 134, 175(1987)

/129/ Z. A. Foroulis, M. J. Thubrikar, J. Electrochem. Soc. 122, 1296(1975)

/130/ W. M. Paulson, R. P. Lorrigan, Proc. 14th Internat. Reliability Physics Sympos. 1976, pp. 42

/131/ K. James, Circuits Manufacturing (3), 57(1978)

/132/ K. M. Striny, A. W. Schelling, Proc. 31st Electronics Components Conference, Atlanta 1981, pp. 238

/133/ M. Iannuzzi, Proc. 20th Internat. Reliability Physics Sympos. 1982, pp. 16

/134/ K. Gustafsson, U. Lindborg, Proc. 37th Electronics Components Conference, Boston 1987, pp. 491

/135/ K. Sotoudeh, R. T. Foley, B. F. Brown, Technical Progress Report No. 10, Office of Naval Research, 1979

/136/ P. S. Ho, Thin Solid Films 96, 301(1982)

/137/ D. Bergner, Dissertation B, Bergakademie Freiberg 1977

/138/ M. Bartur, M. A. Nicolet, J. Electrochem. Soc. 131, 1118(1984)

/139/ W. Jost, Diffusion, Steinkopf-Verlag, Darmstadt 1972

/140/ P. Haasen, Physikalische Metallkunde, Akademie-Verlag, Berlin 1985

/141/ G. Krautheim, A. Neidhardt, U. Reinhold, A. Zehe, Cryst. Res. Technol. 14, 11(1979)

/142/ G. Krautheim, A. Neidhardt, U. Reinhold, A. Zehe, Phys. Lett. A 72, 181(1979)

/143/ G. Krautheim, A. Neidhardt, U. Reinhold, A. Zehe, Solid State Commun. 34, 163(1980)

/144/ G. E. R. Schulze, Metallphysik, Akademie-Verlag, Berlin 1974

/145/ C. Matano, Jap. J. Phys. 8, 109(1933)

/146/ K. P. Gurov, B. A. Kartaschkin, Y. E. Ugaste, Vzaimnaja diffuzija v mnogofaznych metallitscheskich sistemach, Nauka, Moskva 1981

/147/ L. S. Darken, R. W. Gurry, Physical Chemistry of Metals, Mc Graw-Hill Book Company, New York 1953

/148/ J. Manning, Acta Met. 15, 817(1967)

/149/ U. Dehlinger, Theoretische Metallkunde, Springer-Verlag, Berlin 1968

/150/ H. Schmalzried, Festkörperreaktionen, Verlag Chemie, Weinheim 1971

/151/ W. Jost, Z. Phys. 127, 163(1950)

/152/ Y. E. Ugaste, V. Y. Schuravska, Prozessi diffuzii i faso-obrasovanie v metallitscheskich sistemach, Isdatelstvo Krasnojarskogo universiteta, Krasnojarsk 1985

/153/ B. Y. Ljubov, Kinetitscheskajy teoria fasovich prevraschtschenii, Metallurgija, Moskva 1969

/154/ B. Y. Ljubov, Teoria kristallisazii v bolschich objomach, Nauka, Moskva 1975

/155/ T. Heumann, in: Diffusion in metallischen Werkstoffen, VEB Deutscher Verlag für Grundstoffindustrie, Leipzig 1970, pp. 129

/156/ W. Seith, Diffusion in Metallen, Springer-Verlag, Berlin 1955

/157/ G. V. Kidson, J. Nucl. Math. 3, 21(1961)

/158/ Y. Funamizu, K. Watanabe, Trans. Jap. Inst. Met. 12, 147(1971)

/159/ J. S. Kirkaldy, J. E. Lange, G. R. Mason, Can. J. Phys. 41, 2174(1963)

/160/ H. Fujita, L. S. Gosting, J. Am. Chem. Soc. 78, 1099(1956)

/161/ L. G. Harrison, Trans. Farad. Soc. 57, 1191(1961)

/162/ A. Häßner, Freiberger Forschungshefte B 168, 1(1972)

/163/ J. C. Fisher, J. Appl. Phys. 22, 74(1951)

/164/ Y. Adda, J. Philibert, La diffusion dans les solides, Presses Univ. de France, Paris 1966

/165/ K. Nitzsche, H. J. Ullrich, Kontaktwerkstoffe der Elektrotechnik und Elektronik, VEB Deutscher Verlag für Grundstoffindustrie, Leipzig 1985

/166/ J. H. Westbrook, Intermetallic Compounds, John Wiley & Sons, New York 1967

/167/ M. Kashiwabara, S. Hattori, Rev. Electrical Communication Laboratory 17, 1001(1969)

/168/ H. Kato, Jap. J. Appl. Phys. 25, 934(1986)

/169/ C. S. Barrett, T. B. Massalski, Structure of Metals, Mc Graw-Hill Book Company, New York 1966

/170/ J. H. Westbrook, D. L. Wood, Nature 192, 1281(1961)

/171/ R. H. Jones, J. Metal 39, 32(1987)

/172/ F. Schlät, Freiberger Forschungshefte B 213, 51(1980)

/173/ H. Blumenauer, G. Pusch, Technische Bruchmechanik, VEB Deutscher Verlag für Grundstoffindustrie, Leipzig 1981

/174/ W. Hume-Rothery, G. V. Raynor, The Structure of Metals and Alloys, The Institute of Metals, London 1954

/175/ C. H. Johansson, J. O. Linde, Ann. d. Physik 25, 1(1936)

/176/ S. M. Kim, Material Science Forum 15-18, 1257(1987)

/177/ M. Hansen, Constitution of Binary Alloys, Mc Graw-Hill Book Company, New York 1958

/178/ J. L. Murray, Bull. Alloy Phase Diagrams 8, 20(1987)

/179/ M. v. Heimendahl, Z. Metallk. 58, 230(1967)

/180/ Powder Diffraction File

/181/ K. Ono, T. Komiya, A. S. Yagi, K. Matano, Electrical Communication Laboratory Techn. Journ. NTT 15, 2047(1966)

/182/ V. Winkler, Dissertation, TH Ilmenau 1972

/183/ E. Philofsky, Solid State Electron. 13, 1391(1970)

/184/ S. W. Campisano, G. Forti, E. Rimini, S. S. Lau, J. W. Mayer, Phil. Mag. 31, 903(1975)

/185/ J. M. Vandenberg, R. A. Hamm, J. Vac. Sci. Technol. 19, 84(1981)

/186/ J. M. Vandenberg, F. J. A. Den Broeder, R. A. Hamm, Thin Solid Films 93, 285(1982)

/187/ F. J. A. Den Broeder, M. Klerk, J. M. Vandenberg, R. A. Hamm, Acta Metall. 31, 285(1983)

/188/ C. J. Smithells, Metals Reference Book, Butterworth, London 1976

/189/ J. Tousek, Kokove Mater. 12, 561(1974)

/190/ W. Matsuno, H. Oikawa, Met. Trans. 6A, 121(1975)

/191/ R. A. Fouracre, Thin Solid Films 138, 189(1986)

/192/ C. Weaver, L. C. Brown, Phil. Mag. 1, 1(1962)

/193/ G. L. Schnable, R. S. Keen, Physics of Failure in Electronics, RADC Contract No. AF 30, 3610(1966)

/194/ W. J. Takei, M. H. Francombe, Solid State Electron. 11, 205(1968)

/195/ C. Weaver, D. T. Parkinson, Phil. Mag. 22, 377(1970)

/196/ M. Onishi, K. Fukomoto, J. Jap. Inst. Met. 38, 148(1974)

/197/ L. E. Colteryahn, J. L. Kersey, Failure Mechanisms and Kinetics of Intermetallic Formation, Wescon-Preprint No. 2, 16B2, pp. 1(1965)

/198/ G. K. C. Chen, IEEE Trans. on Parts, Hybrids and Packaging PHP-3, 1949(1967)

/199/ J. H. Anderson, W. P. Cox, IEEE Trans. on Rel. R-18, 206(1969)

/200/ E. Peterseim, Dissertation, TH Ilmenau 1986

/201/ J. Onuki, M. Koizumi, I. Araki, Proc. 37th Electronics Components Conference, Boston 1987, pp. 566

/202/ W. Blau, K. Kleinstück, in: Intermetallische Phasen, VEB Deutscher Verlag für Grundstoffindustrie, Leipzig 1977, pp. 147

/203/ B. Selikson, T. A. Longo, Proc. IEEE 52, 1638(1964)

/204/ B. Selikson, Proc. IEEE 57, 1594(1969)

/205/ B. Selikson, Appl. Phys. Lett. 14, 283(1969)

/206/ I. A. Blech, H. Sello, J. Electrochem. Soc. 113, 1052(1966)

/207/ L. Bernstein, Gold Alloying to Germanium, Silicon and Aluminium-Silicon Eutectic Surfaces, Semiconductor Products, Part 2, pp. 29, 35(1961)

/208/ M. C. Mc Kinnon, R. F. Hoeckelman, IEEE Intern. Conf. Report 11, 93(1963)

/209/ G. v. Browning, Physics of Failure in Electronics, RADC Contract No. AF 04, 428(1964)

/210/ J. A. Cunningham, J. Electrochem. Soc. 113, 1052(1966)

/211/ S. Skladnikiewitz, U. Richling, Proc. IV. Konferenz "Metallkundliche Probleme der Werkstoffentwicklung", Freiberg 1983, pp. 25

/212/ G. Kalmar, Radio-Fernsehen-Elektronik 28, 2(1979)

/213/ G. V. Clatterbaugh, J. A. Weiner, H. K. Charles, Proc. 34th Electronics Components Conference, New Orleans 1984, pp. 21

/214/ W. Gerling, Proc. 34th Electronics Components Conference, New Orleans 1984, pp. 13

/215/ E. Philofsky, Proc. Internat. Reliability Physics Sympos. 1971, pp. 114

/216/ E. Philofsky, P. Hall, IEEE Trans. on Parts, Hybrids and Packaging PHP-11, 281(1975)

/217/ H. P. Kehrer, D. E. Köhler, DVS-Berichte 102, 141(1986)

/218/ D. E. Köhler, Galvanotechnik 77, 1959(1986)

/219/ R. C. Blish, L. Parobek, Proc. Internat. Reliability Physics Sympos., Phoenix 1983, pp. 142

/220/ S. Ahmed, R. C. Blish, T. Corbett, J. King, G. Shirley, Proc. 36th Electronics Components Conference, Seattle 1986, pp. 127

/221/ G. Harman, Proc. 21st Internat. Sympos. on Microelectronics 1983, pp. 127

/222/ B. N. Agarwala, D. Digiacomo, R. R. Joseph, Thin Solid Films 34, 165(1976)

/223/ I. A. Blech, J. Appl. Phys. 48, 473(1977)

/224/ J. K. Howard, J. F. White, P. S. Ho, J. Appl. Phys. 49, 4083(1978)

/225/ K. P. Rodbell, S. R. Shatynski, Thin Solid Films 108, 95(1983)

/226/ A. T. English, E. Kinsbron, J. Appl. Phys. 54, 268(1983)

/227/ V. Teal, S. Vaidya, D. B. Fraser, Thin Solid Films 136, 21(1986)

/228/ J. R. Lloyd, R. N. Steagall, J. Appl. Phys. 60, 1235(1986)

/229/ G. J. van Gurp, Appl. Phys. Lett. 19, 476(1971)

/230/ L. E. Felton, J. A. Schwarz, R. W. Pasco, D. N. Norbury, J. Appl. Phys. 58, 723(1985)

/231/ P. B. Ghate, Thin Solid Films 83, 195(1981)

/232/ K. Nitzsche, H. H. Wurlitzer, G4-Forschungsbericht "Elektromigration in Leitbahnen", TH Ilmenau 1982

/233/ R. Baluffi, W. Blakely, Thin Solid Films 25, 363(1975)

/234/ M. Künzel, Proc. VIII. Tagung "Elektronenmikroskopie", Berlin 1975, pp. 313

/235/ V. Naumann, B. Oertel, Wiss. Z. TH Ilmenau 20, 1(1974)

/236/ P. P. Goidenko, Izv. Akad. Nauk SSSR, Met. 201(1975)

/237/ P. B. Ghate, Appl. Phys. Lett. 11, 14(1967)

/238/ I. A. Blech, E. S. Meieran, J. Appl. Phys. 40, 485(1969)

/239/ P. S. Ho, L. D. Glowinski, Z. Naturforsch. 26a, 32(1970)

/240/ M. J. Attardo, R. Rosenberg, J. Appl. Phys. 41, 2381(1970)

/241/ R. Rosenberg, M. Ohring, J. Appl. Phys. 42, 5671(1971)

/242/ W. Kleinn, Z. Metallk. 72, 615(1981)

/243/ B. N. Agarwala, J. Appl. Phys. 43, 1487(1972)

/244/ M. J. Attardo, J. Appl. Phys. 41, 2381(1970)

/245/ A. J. Learn, Appl. Phys. Lett. 19, 292(1971)

/246/ T. Kwork, P. S. Ho, J. Vac. Sci. Technol. A 2, 241(1984)

/247/ R. W. Thomas, V. Winchell, K. James, T. Scharr, Proc. 19th Internat. Reliability Physics Sympos., New York 1981, pp. 182

/248/ L. G. Feinstein, 30th Electronics Components Conference, San Francisco 1980

/249/ R. J. Gale, Internat. Reliability Physics Sympos. 1984

/250/ S. Zh. Esayan, G. K. Abramyan, Izv. Akad. Nauk SSSR, Tekh. Nauk 37, 50(1984)

/251/ D. W. Bushmire, Proc. Internat. Reliability Physics Sympos. 1976, pp. 55

/252/ J. Newsome, G. Oswald, Proc. Internat. Reliability Physics Sympos. 1976, pp. 63

/253/ S. C. Hugh, Proc. 32nd Electronics Components Conference, San Diego 1982, pp. 428

/254/ K. Frank, K. Schubert, J. Less Common Metal 22, 349(1970)

/255/ S. Wakabayashi, A. Murata, N. Wakabayashi, Plating 69, 63(1982)

/256/ M. Featherby, Circuits Manuf. 17, 68(1977)

/257/ K. Okumara, J. Electrochem. Soc. 128, 571(1981)

/258/ I. Neumann, Diplomarbeit, Sektion Informationsverarbeitung/ Informationselektronik der IHS Dresden 1987

/259/ S. Plaschke, Diplomarbeit, Sektion Informationsverarbeitung/ Informationselektronik der IHS Dresden 1987

/260/ G. Herz, Dissertation, TU Dresden, 1988

/261/ J. L. Murray, Internat. Metals Reviews 30, 211(1985)

/262/ M. Rayne, M. P. Shearer, C. L. Bauer, Thin Solid Films 65, 381(1980)

/263/ C. L. Bauer, G. G. Lessmann, Ann. Rev. Mat. Sci. 6, 361(1976)

/264/ C. Maccioni, J. A. Rayne, S. Sen, C. L. Bauer, Thin Solid Films 81, 71(1981)

/265/ D. M. Rabkin, W. R. Rjabov, A. W. Losovskaja, W. A. Dowschenko, Poroschkowaja Metallurgija 92, 101(1970)

/266/ H. Bückle, Z. Electrochem. 49, 238(1943)

/267/ J. B. Murphy, Acta Met. 9, 563(1961)

/268/ C. C. Dasilva, R. F. Mehl, Trans. AIME 191, 155(1951)

/269/ M. S. Anand, S. P. Murarka, R. P. Agarwala, J. Appl. Phys. 36, 3860(1965)

/270/ S. Fujikawa, K. Hirano, J. Jap. Inst. Light Met. 20, 267(1970)

/271/ H. Oikawa, T. Obara, S. Karashima, Met. Trans. 1, 2969(1970)

/272/ H. Oikawa, S. Karashima, Trans. JIM 11, 431(1970)

/273/ J. M. Vandenberg, R. A. Hamm, Thin Solid Films 97, 313(1982)

/274/ R. A. Hamm, J. M. Vandenberg, J. Appl. Phys. 56, 293(1984)

/275/ A. E. Gershinskii, B. I. Fomin, E. I. Cherepov, F. L. Edelman, Thin Solid Films 42, 269(1977)

/276/ S. U. Campisano, E. Costanzo, F. Scaccianoce, R. Cristofolini, Thin Solid Films 52, 97(1978)

/277/ K. Rajan, E. R. Wallach, J. Cryst. Growth 49, 297(1980)

/278/ H. T. G. Hentzell, R. D. Thompson, K. N. Tu, J. Appl. Phys. 54, 6923(1983)

/279/ S. M. Heald, J. M. Tranquada, H. Chen, D. O. Welch, J. Vac. Sci. Technol. A 3, 2432(1985)

/280/ S. M. Heald, J. M. Tranquada, H. Chen, J. Phys. 47, C8-825(1986)

/281/ V. Di Castro, G. Polzonetti, Surface and Interface Analysis 9, 336(1986)

/282/ C. Wenzel, H. Krautz, G. Blasek, S. Däbritz, Proc. 32. Int. Wiss. Koll., Ilmenau 1987, Reihe BP-14, p. 107

/283/ H. Krautz, C. Wenzel, A. Bonitz, G. Blasek, S. Däbritz, Proc. 9. Tagung "Hochvakuum, Grenzflächen/Dünne Schichten", Dresden 1988, p. 288

/284/ E. Zschech, A. Kaiser, in: Advanced Methods in X-Ray and Neutron Structure Analysis of Materials, Plenum Press, New York 1988, pp. 249

/285/ E. Zschech, J. Uhlig, I. Geleji-Neubauer, Proc. 9. Tagung "Hochvakuum, Grenzflächen/Dünne Schichten", Dresden 1988, pp. 442

/286/ I. Geleji-Neubauer, E. Zschech, Z. f. Kristallographie 185, 175(1988)

/287/ W. Matsuno, H. Oikawa, Met. Trans. 6A, 121(1975)

/288/ D. A. Smith, A. H. King, Phil. Mag. A 44, 333(1981)

/289/ R. W. Baluffi, J. W. Cahn, Acta Met. 29, 493(1981)

/290/ E. Zschech, A. Kaiser, H. H. Daut, W. Schneider, P. Fischer, W. Kießling, Z. Metallkde, in Vorbereitung

/291/ Ya. E. Geguzin, L. N. Parickaja, Fizika Metallov i Metallovedenja 13, 591(1962)

/292/ Ya. E. Geguzin, Physik des Sinterns, VEB Deutscher Verlag für Grundstoffindustrie, Leipzig 1973

/293/ W. Schatt, E. Friedrich, Powder Metallurgy International 13, 15(1981)

/294/ E. R. Wallach, G. J. Davies, Metals Technology 4, 183(1977)

/295/ S. L. Lehoczky, J. Appl. Phys. 49, 5479(1978)

/296/ H. Asonen, C. J. Barnes, A. Salokatve, M. Pessa, Surf. Sci. 152/153, 262(1985)

/297/ J. Cohen, Electronics 58, 27(1985)

/298/ E. Zschech, A. Kaiser, H. H. Daut, I. Quäck, W. Hauffe, W. Kießling, Proc. 32. Int. Wiss. Koll., Ilmenau 1987, Reihe BP1-4, p. 116

/299/ V. A. Pitt, C. R. S. Needes, R. W. Johnson, Proc. 31st Electronics Components Conference, Atlanta 1981, pp. 18

/300/ V. A. Pitt, C. R. S. Needes, R. W. Johnson, Insulation Circuits 21(11), 51(1981)

/301/ E. Delen, E. Beyne, E. Govalerts, M. van Craen, Proc. 5th European Hybrid Microelectronics Conference 1985, pp. 19

/302/ D. R. Olsen, K. L. James, Proc. 34th Electronics Components Conference, New Orleans 1984, pp. 36

/303/ D. R. Olsen, K. L. James, IEEE Trans. on Components, Hybrids and Manufacturing Technology CHMT-7, 357(1984)

/304/ S. Pignataro, A. Torrisi, O. Puglisi, A. Cavallaro, A. Perniciaro, G. Ferla, Appl. Surf. Sci. 25, 127(1986)

/305/ M. Kashiwabara, Kenkyuu Jitsuyouka Houkoku 17, 1135(1986)

/306/ K. Hirano, Y. Takagi, J. Phys. Soc. Japan 9, 730(1954)

/307/ A. Westgren, A. J. Bradley, Phil. Mag. 6, 280(1928)

/308/ C. Weaver, L. C. Brown, Phil. Mag. 17, 881(1968)

/309/ H. Buckle, Metall. Forschung 1, 175(1946)

/310/ R. A. Fouracre, Thin Solid Films 146, 83(1987)

/311/ J. E. Westmoreland, W. H. Weisenberger, Thin Solid Films 19, 349(1973)

/312/ R. A. Swalin, Thermodynamics of Solids, Wiley, New York 1962

/313/ J. R. Manning, Diffusion Kinetics for Atoms in Crystals, Van Nostrand, New York 1968

/314/ K. James, IEEE Trans. on Parts, Hybrids and Packaging PHP-13, 419(1977)

/315/ W. Schneider, 17. Wiss. Sympos. "Montagetechnologie der Mikroelekronik", Dresden 1979

/316/ R. Shukla, J. Singh Deo, Microelectron. Reliab. 23, 589(1983)

/317/ T. Heumann, Z. Metallk. 59, 455(1968)

/318/ O. Neukam, Dissertation, Aachen 1969

/319/ K. Meinel, Dissertation, IFE Halle 1985

/320/ R. O. Meyer, L. M. Slifkin, Phys. Rev. 149, 556(1966)

/321/ W. Batz, C. E. Birchenall, Atom Movements, Ohio 1951

/322/ A. E. Austin, N. A. Richard, J. Appl. Phys. 33, 3569(1962)

/323/ M. Badia, Ph. D. Thesis, Univ. Nancy 1969

/324/ K. N. Tu, B. S. Berry, J. Appl. Phys. 43, 3283(1972)

/325/ M. R. Pinnel, J. E. Bennett, Met. Trans. 3, 1989(1972)

/326/ J. A. Borders, Thin Solid Films 25, 359(1973)

/327/ H. G. Tompkins, J. Electrochem. Soc. 112, 983(1975)

/328/ H. G. Tompkins, M. R. Pinnel, J. Appl. Phys. 47, 3804(1976)

/329/ P. M. Hall, J. M. Morabito, Surf. Sci. 59, 624(1976)

/330/ L. G. Feinstein, J. B. Bindell, Thin Solid Films 62, 37(1979)

/331/ M. R. Pinnel, J. E. Bennett, Met. Trans. 10A, 741(1979)

/332/ J. Unnam, D. R. Tenney, C. R. Houska, Met. Trans. 12A, 1147(1981

/333/ T. Cleason, J. B. Boyce, Phys. Rev. B 29, 1551(1984)

/334/ F. Corni, G. M. Antonini, phys. stat. sol. (a) 97, K21(1986)

/335/ M. Bessiere, E. Dartyge, S. Lefebvre, J. Phys. 47, C8-1033(1986)

/336/ K. I. Johnson, Solid State Technol. 20, 50(1977)

/337/ K. I. Johnson, Solid State Technol. 20, 91(1977)

/338/ H. Oechsner, Thin Film and Depth Profile Analysis, Springer-Verlag, Berlin 1984

/339/ A. J. van Oestrom, J. Vac. Sci. Technol. 17, 40(1980)

/340/ H. W. Werner, Mater. Sci. Eng. 42, 1(1980)

/341/ W. Hauffe, Proc. XI. Tagung "Elektronenmikroskopie", Dresden 1978, pp. 84

/342/ W. Hauffe, Proc. 13. Tagung "Physik der Halbleiteroberfläche", Berlin 1982, pp. 177

/343/ W. Hauffe, Proc. 14. Tagung "Physik der Halbleiteroberfläche", Berlin 1983, pp. 133

/344/ W. Hauffe, Proc. 15. Tagung "Physik der Halbleiteroberfläche", Berlin 1984, pp. 11

/345/ G. G. Harman, C. A. Cannon, IEEE Trans. on Components, Hybrids and Manufacturing Technology CHMT-6, 203(1983)

/346/ E. Scheffler, Einführung in die Praxis der statistischen Versuchsplanung, VEB Deutscher Verlag für Grundstoffindustrie, Leipzig 1986

/347/ A. Bischoff, D. Menzel, Prakt. Metallographie 23, 53(1986)

10. SACHVERZEICHNIS

Drahtbonder	wire bonder	установка сварки проволочных межсоединений	23
Drahtbond-verfahren	wire bonding technique	способ контактирования проволокой	16,18,19
Elastizitätsmodul	Young's modulus	модуль упругости	35,99
elektrischer Widerstand	electrical resistivity	электрическое сопротивление	35,41,85,93,97,115
elektrische Verbindung	electrical inter-connection	электрическое межсоединение	15
Elektromigration	electromigration	электромиграция	49,108
Entfestigung	work-softening	разупрочнение	42
Farbe	color	цвет	97,115,163
Festigkeit	strength	прочность	35,41
Ficksche Gesetze	Fick's laws	законы Фика	54
Flip-chip-Technik	flip-chip technique	технология перевернутого кристалла	17
Flußdivergenz	flux divergence	дивергенция потока	54
Freie Enthalpie	Gibbs' free energy	термодинамический потенциал	69
Frequenzfaktor	frequency factor	частотный фактор	59,116
Gibbs-Duhem-Beziehung	Gibbs-Duhem equation	уравнение Гиббса и Дюгема	66
Goldmikrodraht	gold ultra-fine wire	золотая микропроволока	36
Henrysches Gesetz	Henrys law	закон Генри	66
Inhibition	inhibition	ингибитация	46
Interdiffusion	interdiffusion	взаимная диффузия	54,73,77,116,136,158
Interdiffusions-koeffizient	interdiffusion coefficient	коэффициент взаимной диффузии	60,63,71,116,137
intermetallische Phase	intermetallic phase	интерметаллическая фаза	70,84,95,104,110,113,128,131,162
Kapillar-Bondwerkzeug	capillary bonding tool	капиллярный инструмент контактирования	19

Pressure-Cooker-Test	pressure-cooker test	испытание при повышенном давлении водяного пара	85,130
Raoultsches Gesetz	Raoults law	закон Раоулта	66,134
reale Kontaktfläche	real contact area	реальная контактная поверхность	27,29,85,110, 139,158
Rißbildung	crack formation	трещинообразование	86,88,105, 106,163
Rißwachstum	crack growth	рост трещин	90
Schmelztemperatur	melting temperature	температура плавления	35
Schweißebene	welding plane	плоскость сварки	55,61,67,77, 116
Simultan-bondverfahren	gang-bonding techniques,	групповое контактирование	16,18
Spannungsriß-korrosion	stress corrosion cracking	коррозионное растрескивание	90,109
spinodale Entmischung	spinodal decomposition	спинодальный распад	69
Temperaturwech-selbelastung	alternating heat load	знакопеременная тепловая нагрузка	88,123,130
thermischer Ausdehnungs-koeffizient	coefficient of thermal expansion	коэффициент теплового расширения	35,88,97,115
thermisch induzierte Spannung	thermally generated stress	тепловое напряжение	88,101,123, 129
Thermodynamischer Faktor	thermodynamic factor	термодинамический множитель	66,68,78,136
Thermokompres-sions-Bonden	thermocompression bonding	термо-компрессионное контактирование	17
Thermosonic-Bonden	thermosonic bonding	термозвуковое контактирование	17
Toleranzgrenze	tolerance limit	предел допусков	157
Toleranzintervall	tolerance region	интервал допусков	157

Der Autor

- vermittelt einen Überblick über die Technologie des Kugel-Keil-Drahtbondens und die Stadien der Verbindungsbildung
- stellt für praktisch relevante Kontaktwerkstoffe sowie für intermetallische Verbindungen, die an Bondkontakten gebildet werden können, wichtige mechanische, elektrische, optische und chemische Eigenschaften zusammen
- berücksichtigt, daß künftig zunehmend edelmetallfreie Mikrodrähte als Goldsubstitute Anwendung finden werden
- charakterisiert die in mikroelektronischen Bondkontakten plastverkappter integrierter Schaltkreise gebildeten Kontaktsysteme nach kristallchemischen Gesichtspunkten
- erläutert Interdiffusion und festkörperphysikalische Effekte in metallischen Kontaktsystemen
- gibt erstmals eine zusammenfassende Darstellung des vorhandenen Erkenntnisstandes zu Degradations- und Ausfallmechanismen in mikroelektronischen Bondkontakten, die bei der Anschlußkontaktierung integrierter Schaltkreise mit Goldmikrodraht sowie mit potentiellen Unedelmetallmikrodrähten entstehen
- verdeutlicht, daß die Strukturanalytik in Mikrometer- und Submikrometerbereichen, wie sie für intermetallische Phasen in mikroelektronischen Bondkontakten typisch sind, die volle Ausschöpfung und Weiterentwicklung metallphysikalischer Methoden sowie deren geeignete Kombination erfordert
- wendet sich vor allem an Festkörperphysiker und -chemiker, Werkstoffwissenschaftler und Elektroniktechnologen in akademischen und industriellen Forschungseinrichtungen sowie an Studenten der entsprechenden Fachrichtungen

ISBN 3-05-500773-5

FSC
www.fsc.org
MIX
Papier | Fördert
gute Waldnutzung
FSC® C083411

Kolibri 360 GmbH
Ferdinand-Jühlke-Straße 7
99095 Erfurt, Deutschland
produktsicherheit@kolibri360.de